KB265681

UV/EB 경화형 고분자 재료

UV/EB시리즈 1

UV/EB 경화형 고분자 재료

(UV/EB Curable Polymeric Materials)

임진규 지음

KSI 한국학술정보㈜

목 차

코팅 및 광경화 기술의 시장 및 동향

제1장

코팅은 오늘날 우리의 일상생활 어디에서나 발견되고 있고 예로는 건축물 코팅과 자동페인트이다. 이것들은 장식용 또는 보호막을 형성하기 위해 사용된다.

코팅의 주 기능은 한편으로는 외관의 개선(색상, 광택)과 다른 한편으로는 가구코팅에의 레드와인, 커피, 자동차코팅에서의 산성비, 나무진, 새똥 같은 부식, 흠집, 긁힘, 마모 또는 화학적 공격으로부터의 필수적인 방어기능이다. 집에서 사용하는 건축코팅이 대부분 물을 기반으로 하는 반면에 산업적으로 광범위하게 코팅, 다양한 물질의 설비에 코팅, 자동차, 가구, 금속캔, 제지판과 같이 산업적으로 광범위하게 이루어지는 코팅에는 여전히 용제(solvent)를 함유한다.

코팅과 응용을 전 세계 시장(60%가 건축 분야)의 40%를 차지하고 있는 산업적 코팅 분야에 기초하여 논의하고자 한다.

1. 코팅 시장과 시장전망

산업용 페인트 분야에서 가구코팅기술의 시장전망은 정부의 휘발성 유기

화합물[VOC(volatile organic compound)] 규제와 더불어 용제의 사용에 대한 환경적 관심을 반영하고 있다. 이들 규제에 따라, 용제에 기반한 코팅의 시장점유는 현격하게 감소했고 상대적으로 환경친화적 시스템에서 특히 수용성(water-based), 파우더(powder), 광경화[radiation curable(UV/EB)] 코팅의 시장점유율이 점증적으로 증가하고 있다.

용제형 시스템의 전체 총량의 전망은 현재보다 낮아지고 용제형의 50~70%를 차지하는 고전적 용제형 시스템이 90%의 고형분 재료인 하이 솔리드(고고형분, high solid) 시스템으로 옮겨 간다. 하이솔리드 시스템은 기존의 용제형 코팅에 가장 근접하고 용제형 코팅의 제조자에 의해 쉽게 채용되었다. 그러나 여전히 10~30% 이상의 용매로 구성되어 있어 장기적으로 대체되어야 한다. 수용성 시스템은 잘 발전해 왔지만, 여전히 직접적으로 환경에 노출되었을 때 주로 습도에 대한 민감성 때문에 물에 용해되거나 분산이 가능한 그룹이 물에 녹아 버리는 결과를 가져온다. 더 나아가 수용성 시스템의 건조에는 많은 에너지와 건조기구의 디자인이 필요하다. 가장 친환경적인 코팅은 파우더와 광경화(UV / EB) 시스템으로 100% 고체 또는 액체의 배합물

표 1.1 코팅기술의 장점과 단점의 비교

코 팅	장 점	단 점
하이솔리드(High solid)	우수한 물성 취급 용이 사용자들이 기존 용제형과 같아서 사용에 친숙하다	용제 일부함유 경화시간이 길다
수용성(Waterborne)	낮은 VOC 성능이나 적용범위가 넓은 편이다	내화학성이 약함 완전건조가 어려움 기포발생이 우려
파우더(Powder)	100% 고형분 재료 환경적으로 이상적인 재료	오렌지 필 문제가 있음 가격이 비싸다 경화시간이 길다
광경화(UV/EB)	100% 무용제 액체 재료 낮은 에너지 소비 좁은 공간에도 유리 가교밀도 우수	재료가격이 고가 표면 경화의 어려움이 있음 안료가 함유된 재료의 경우 경화의 어려움이 있음 입체물(3D)의 경우 경화의 어려움이 있음

이다. 이들 코팅 시스템의 약점은 기능에 있다. 용해와 가교반응을 갖는 필름 형성에의 방해 때문에 파우더코팅은 종종 오렌지 필(orange peel) 구조를 보이곤 한다. 광경화 시스템은 주로 표면에서 고분자화를 감소시키는 반응저해를 일으키는 산소의 문제가 있다. 더 나아가 색소, 첨가제 또는 자외선 흡수제가 처방에 존재하여 자외선 흡수조성물이 내부경화 문제를 야기한다.

2. UV 코팅 시장과 전망

산업용 코팅과 잉크에서 전체 시장에 비교할 때 광경화 제품은 여전히 5% 미만의 작은 비중을 차지하고 높은 평균 시장 성장률에도 불구하고 여전히 낮은 성장률을 가지고 있다. 상대적으로 다른 쉬운 기술인 파우더와 수용성 코팅기술이 용제형 코팅 시장을 대체해 나갈 것이다.

세계적 UV 경화 시장의 지역적 점유 수량을 표 1.2에 나타내었다.

UV 경화 기술은 아시아에서 가장 빠르게 성장하고 있다. 그러나 유럽과 북미지역의 성장률은 UV 코팅에서 9%의 성장률을 기대하고 이는 평균 코팅 산업의 성장률에 비교하여 높은 편이다. 가장 중요한 산업 분야인 나무, 그래픽 아트(graphic art) 산업과 자동차 응용 분야에 대한 데이터도 나타내었다.

표 1.3에서는 가장 높은 성장률이 자동차와 일반 산업 분야 같은 새로운 응용에서 기대됨을 볼 수 있다.

표 1.2 지역별 UV 경화 시장

	1995 (톤)	2000	2004	2008	2015	성장률 (1995~2004)	성장률 (2004~2015)
유럽	32,000	46,000	63,200	77,400	138,000	8%	7%
북미	35,000	51,000	64,700	81,500	147,000	7%	8%
아시아	13,000	26,000	40,000	56,200	132,000	13%	12%
남아메리카	–	–	4,400	5,700	11,500	–	9%
기타	1,000	4,000	7,000	10,900	34,500	24%	16%
Total	81,000	127,000	177,000	230,000	463,000	9%	9%

표 1.3 응용 분야별 UV 경화 시장

	1995 (톤)	2000	2004	2008	2015	성장률 (1995~2004)	성장률 (2004~2015)
목재(Wood)	30,000	38,000	47,300	58,000	102,000	5%	7%
인쇄(Graphic)	32,000	56,000	81,000	96,000	153,000	11%	6%
산업용(Industry)	19,000	33,000	48,800	73,000	182,000	11%	12%
자동차(Auto)				2,000	26,000	_	_%
Total	81,000	127,000	177,000	230,000	463,000	9%	9%

표 1.4에서 보면 UV 코팅기술의 이용은 3개의 주요 지역인 북미, 유럽, 극동에서 다르다. 유럽에서는 목재의 코팅에 국한되는 데 반해 미국에서는 주로 그래픽 아트[잉크, 오버프린트 바니쉬(OPV, overprint varnishes)]에 이용되고 극동에서는 전자 분야에 다른 지역에서는 디스플레이 분야에서 이용되고 있다. 그래픽 아트 분야인 잉크와 OPV는 역시 모든 시장에서 상당한 점유율을 가지고 있고 UV 코팅의 전 세계 시장으로 봐도 가장 높은 점유율을 가지고 있다.

표 1.4 주요 지역별 용도별 분포(2004년 기준)

	북 미	유 럽	극 동
목재	25 %	52 %	25 %
그래픽 아트 (잉크, OPV)	51 %	30 %	35 %
기타	24 %	28 %	40 %
전체시장 수량(톤)	80,000 톤	100,000 톤	120,000 톤

2003년에 북미에서 가장 큰 시장은 그래픽 아트(58%)이고 다음이 산업용 코팅(29%), 광전자재료(9%)였고, 유럽에서는 가장 큰 부분이 산업용 코팅(47%, 목재 포함) 다음이 그래픽 아트(35%), 그리고 광전자재료(17%)였다. 이 지역에서 발전될 것으로 예상되는 규모는 북미에서 5%, 유럽에서 3%, 아시아에서 10%이다.

이들 시장 조사에서 전체 아시아 UV 시장은 2004년에 76,000톤으로 일본이 40%, 중국이 25%를 차지하고 있다. 시장지배 분야는 바닥재(flooring)

를 포함하는 목재코팅, 플라스틱(컴퓨터 부품, 핸드폰, 화장품 용기 등)과 전자재료(포토레지스트, 디스플레이)이다.

일본에서 전체 UV 시장볼륨은 2004년에 46,000톤으로 18,000톤은 감광 수지, 1,6000톤은 코팅(목재 7,000톤, 하드 코팅 4,000톤, 세라믹 1,700톤, 광섬유 1,100톤), 9,800톤은 잉크(옵셋 잉크가 6,800톤), 1,700톤은 접착제 (DVD와 디스플레이용)이다. 반응성 모노머와 올리고머가 36,500톤 소모되었다. 일본에서는 해마다 반도체산업에서의 감광수지, LCD의 감광수지가 성장할 것으로 기대된다.

중국에서는 코팅과 잉크가 주로 이용되는데 UV 경화 코팅이 전체적으로 23,000톤에 이르고 잉크는 9,000톤에 이른다. 목재/대나무의 코팅에 이용되는 것이 14,500, 종이의 OPV에 4,300톤, 플라스틱 1,900톤, PVC 1,300톤, 자동차 800톤 그리고 나머지이다. 2004년에 원료의 전체 성장률은 11.8% 이고 UV 경화 제품의 성장률은 27.4%였다. 성장률과 전망은 낙관적인 시장전망만큼 UV 경화 기술이 다양하게 이용된다.

3. UV 경화 기술과 응용

UV 경화는 현재 과거에 사용되었던 열경화가 온도에 민감한 물질, 즉 목재, 종이 플라스틱 등에 적합하지 않으므로 이에 대해 교체되는 메커니즘으로 정착되어 왔다. 이 교체되는 경화 기술은 빠른 사슬성장반응을 유발하는 반응 물질을 형성하기 위해 전자기적 스펙트럼의 짧은 파장 영역에서 조사원의 양자에너지를 이용한다.

전자기적 스펙트럼 UV 영역, 더 나아가 UV-A, UV-B, UV-C가 주로 이 기술에 이용된다.

진자빔(EB)과 X선의 높은 에너지 양자는 C-C, C-H 결합을 깨는 데 충분하고 그래서 고분자화를 위한 개시제로서 원하는 라디칼 광개시제를 필요로 하지 않는다. 그러나 UV 경우는 이중결합이 직접 분열하는 반응이 충분히 효율적이지 않기 때문에 보통 광개시제가 이용된다. 광개시제가 활동한 후에 반응단계는 원하는 반응 물질을 형성한다. 보다 긴 파장을 이용하는 경우는 좀 더 복잡한 에너지 반응이 필요하다.

이용할 수 있는 조사에너지원의 스펙트럼으로부터 UV 기술은 단연 일반적인 것의 하나이다. 보다 높은 에너지 조사원으로부터 전자빔(EB) 기술은 코팅기술에서 다양하게 연구되어 왔다. 이는 여전히 가장 경제적인 기술이고 산업적 응용에서도 높은 비중을 차지하고 있다. 그러나 높은 안정성이 요구되고 이 기술을 폭넓게 이용하기 위한 높은 투자비용이 요구된다.

UV 코팅은 전통적으로 온도에 민감한 물질(목재, 종이, 플라스틱, 예를 들어, 쪽마루, 가구, 비닐마루, 플라스틱물질(헬멧, 판), CD, 헤드라이트 렌즈 또는 OPV)에 사용되었다. 그러나 코팅이 거의 어디서나 이용되기 때문에 UV 코팅 시장은 새로운 응용으로 확장될 것이고 전통적으로 열경화가 점유하고 있는 새로운 응용 분야로 확장될 것이다. 금속(자동차, 코일코팅)과 창문, 유리, 자전거, 냉장고, 세차기 등에서의 UV 경화 코팅이 그 좋은 예이다. 코팅이용의 다양성은 접착제와 DVD, CD등의 보호코팅 유리섬유의 보호코팅, 음료캔의 내부와 외부코팅, 자동차의 헤드라이트 미러 등의 보호코팅 같은 부분이 있는데 이 분야도 많이 확장될 것이다.

지금까지, UV 경화 시스템은 주로 투명코팅 이용에 사용되어 왔고 코팅의 표면이 기계적, 화학적 공격(스크래치, 세정제, 레드와인, 커피, 대기오염, 산성비, 물 또는 많은 다른 요인들)에 노출되기 때문에 기능에 대한 높은 요구가 있었다. 광경화 코팅 처방은 특별한 기능적 요구와 응용기술에 의존한다. 전통적인 UV 경화 코팅은 여전히 100% 액상이다. 그러나 한편에서는 열경화에 대응책으로서 UV 경화가 고려되기 때문에 점도를 낮추기 위한 소량의 용제가 사용되고 수용성 UV 경화 시스템, UV 파우더 시스템의 개발이 진행되고 있다.

UV 코팅시장의 시장잠식은 지금까지도 여전히 특수시장 기술로 간주되고 있다. 이것은 여러 가지 원인 때문인데 그중의 한 가지 치명적인 이유는

평면물질에만 응용할 수 있는 이차원적인 경화 기술로 한정되어 있기 때문
이다. 지금까지 3차원 물질에는 거의 이용되지 않았다.

표 1.5 UV 코팅의 일반적인 조성 및 기능

성 분	함량(%)	기 능
올리고머	25~90	필름 형성
		기본 물성 좌우
모노머	15~60	점도 조정
		가교밀도 조절
광개시제	1~8	반응개시
첨가제	1~50	표면활성제, 안료, 충전제, 안정제 등

전형적인 UV 코팅의 조성(표 1.5)은 25%에서 90%의 올리고머 수지를
포함하고 이 수지는 필름 형성과 기본 코팅물성을 만든다. 반응성 모노머는
저분자량의 물질로 고분자 가교에 용제 대신 응용공정에 요구되는 점도를
맞추기 위해 혼합된다. 롤러에 이용되는 전형적인 점도 범위는 3,000~
5,000cps이고 스프레이에 이용되는 범위는 100~200cps이다. UV 처리 락카
에서 1~8%의 광개시제이며 1~50%의 몇 가지 다른 첨가제[leveling agent,
안정화제, 자외선 흡수제, 라디칼 스캐빈저(radical acavenger), 색소 등]가 코
팅이 요구되는 공정의 처방에 이용된다.

4. UV 코팅의 장점과 단점

UV 코팅의 몇몇 일반적인 장점과 단점을 이미 표 1.1에서 언급하였다.
이 장에서 언급한 이러한 많은 장점과 단점으로부터 가장 중요한 점을 아
래에 나타내었다.

경제적 장점
 - 에너지 절약(통상적으로 실온에서 신속하게 처리됨)
 - 높은 생산 속도
 - 작은 공간 요구
 - 즉각적인 다음 처리 공정이 가능

환경적 장점
 - 일반적인 무용제 처방
 - 폐기물의 감소
 - 에너지 절약

성능적 장점
 - 저온 경화 가능
 - 우수한 내구성
 - 다양한 응용성
 - 우수한 내마모성과 내화학성
 - 우수한 인장강도

단점
 - 재료단가가 높음
 - 3D 경화 설비개발이 초기 단계임
 - 자외선 안정제의 존재에서 UV 경화 속도가 감소
 - 표면에서의 산소저해
 - 수분에 민감함(양이온 경화 시스템)
 - 안료코팅이 어려운 점(두께가 5micron 이상에서)

단점을 제거하기 위해 주로 해결해야 할 과제
 - 금속, 플라스틱에의 부착성 향상
 - 일부 반응성 모노머가 일으키는 피부자극의 감소
 - 냄새 감소

- 처리된 코팅의 추출감소
- 광개시제의 향상(단가, 휘발성)
- 음식물에 직접 접촉하는 포장재의 적용

이 기술의 장점과 좋은 기능적 특징이 매우 명확함에도 불구하고 이 기술이 코팅 응용에서 높은 비중을 차지하지 못하는 이유는 몇 가지 상당한 단점 때문이다. 중요한 이유는 3차원 경화장치의 이용성에의 제한, 다른 전통적인 코팅에 비해 높은 단가이다.

이차원 시스템에서 UV 경화가 응용되는 가장 큰 이유 중의 하나는 램프의 radiant poser가 거리의 제곱으로 감소한다는 사실이다. 따라서 삼차원 물질의 모든 점에 만족할 만하게 처리하는 데 필수적이고 효율적인 에너지(표면/처리시간에 도착하는 방사출력)의 조절이 어렵다. 삼차원 처리장치의 디자인과에서 중요한 진보는 이미 이루어졌지만, 여전히 개선이 필요하다.

이 외의 응용에 대한 UV 경화 코팅의 개발은 기존의 코팅이 충분한 장시간 안정성을 제공하기 위한 자외선 흡수제와 라디칼 스캐빈저[radical scavenser (HALS 타입)]로 안정화되기 때문에 과거에는 경시되어 왔다. 이것은 UV 경화형 라디칼 중합이 자외선 흡수제와 라디칼 스캐빈저(radical scavenger)의 존재 하에서는 불가능하다는 선입견 때문이었다. 이 성급한 판단이 반박되면서 지금까지 닫혀 있던 것으로 보여 왔던 이외의 응용 전반적인 분야로 UV 코팅이 열렸다. 특히 마루판의 보호제로서 높은 긁힘 저항성을 얻을 수 있는 UV 처리 코팅은 세차 시의 전형적인 긁힘으로부터 보호할 수 있는 코팅으로 기대되어 자동차 회사의 관심을 끌었다.

차체(도어, 후드)에서 이용가능한 이런 복합적인 기하학적인 처리에 대해 생각되면서 삼차원 모양의 처리면적(노출된 부분의 그늘)에서 발견될 수 있는 해결책이 명확해졌다. 예를 들어 이중 경화(dual cure) 코팅이 삼차원 물체의 그늘을 경화하기 위해 개발되었다. 이들은 아마도 UV 경화 이외에 이소시아네이트[isocyanate(폴리우레탄 시스템의 두 성분으로 알려진 수산기를 가진 화합물과의 조합)] 또는 카바메이트 그룹[carbamate group(멜라민 경화)

같은 열경화를 함으로써 두 번째 기능으로 이용될 것이다.

미경화 표면을 생기게 하는 산소저해효과의 극복을 위해 더 나은 개선이 이루어지기까지는 매우 집중적인 조사 또는 다른 방법이 이용되었다. 이 효과는 라디칼과 산소의 높은 반응성에 기인하는 것이다. 또한 미반응 과산화 라디칼의 형성에 기인하는 것이다. 이 과산화 라디칼은 경화 사슬반응을 계속할 수 없게 만든다.

그러므로 가교반응과 고형으로 네트워크의 형성은 모든 산소가 소진될 때까지 지연된다. 높은 에너지 밀도 조사(radiation)의 사용이 바람직하지 않기 때문에 다른 대체적인 방법이 논의될 것이다.

감광성고분자(수지) 개요

제2장

1. 감광성수지의 개요

감광성수지의 역사적 기원을 고대 이집트의 미이라(mummy)에서 찾는 사람들도 있지만, 일반적으로, 1882년에 프랑스인 조셉 닙스가 아스팔트를 석유(라벤다유)에 용해시킨 것을 금속판에 도포하고 광화상(光畵像)을 제작한 것이 시초라 여겨지고 있다. 이 방법을 이용해 제작한 법왕(法王) 피오 7세와 다이보아즈의 초상 등이 현재도 남아 있다. 닙스의 업적은 후에 다겔 등에 의해 은염감광제(銀塩感光劑)의 개발로 이어졌고, 사진술의 발전을 가져왔다.

사진술에 있어서는 옥화은(沃化銀)과 계란 흰자위를 배합한 유리원판(原板) 등이 개발되었지만, 이러한 방법은 사진화상을 인쇄복제하려는 시도로 이어져 1867년에는 젤라틴과 중크롬산염의 광반응을 이용한 사진 제판인쇄법(製版印刷法)이 발명되었다. 중크롬산염과 젤라틴의 광반응(光反應)은 스크린 프린트에 있어서, 사진 스크린형 제작에도 이용되고, 더욱이 젤라틴을 폴리비닐알콜로 바꾸어 사진스크린형 제작, 그라비아(gravure)판이나 철판(凸板)의 에칭레지스트 등으로 이용되면서 제판용 감광재료(製版用感光材料)의 주류가 되었다.

금세기에 들어 디아조(diazo)계 감광성수지가 개발되어, 복사용 감광재료로서 독일의 Kalle사의 연구와 미국 3M사의 PS판(Presensitized offset plate) 개발이 있었고 1950년~1960년에는 코닥사의 폴리계피산비닐(polyvinyl cinnamate)의 개발, 타임사의 나이론 감광성수지판의 실용, 듀폰사의 아크릴계 감광성수지의 판매 등이 차례로 이루어졌으며 1960년대에는 세계 각국에서 다양한 감광성수지가 발표, 판매되어 감광성수지의 전성기를 이루었다.

1960년대의 감광성수지 개발에 있어 주목할 만한 사실은, 입체적인 요철(凹凸)을 갖는 감광형(光成形)이 가능한 감광성수지가 개발되었다는 점이다. 이러한 개발에 의해 당시까지는 금속(동, 아연 등)의 상부에 평면광화상을 만들고 에칭하였던 철판이 감광성수지의 광성형법으로 제작됨에 따라 높이 10mm 정도의 철화상(凸畵像)을 띠는 고무철판(flexo 인쇄판)의 제작까지 가능하게 되었다.

요철광화상(凹凸光畵像)의 제작을 가능하게 한 배경에는 고분자화학의 발달이 있었고 감광성수지는 고분자화학의 발달에 바탕을 두고 종래의 고분자수지 분야로 진출하게 되었다. 그리고 광접착제, 광경화도료 등으로 응용전개가 시작되었고 더욱이 최근에는 정보산업에 있어 광케이블(optical fiber)의 제작, 전자부품의 가공, 미생물의 고정 등의 분야에서도 활발히 이용되고 있다.

고분자화학에 바탕을 둔 새로운 감광성수지도 등장한 지 이미 20여 년이 되었고, 응용 분야도 광범위하게 확대되었다. 감광성수지가 주지(周知)의 대상이 되어 그 광반응의 기능, 예를 들면, 광접착성, 광성형성, 광화상형성성 등이 여러 분야에서 많은 사람들에 의해 폭넓게 이용되고 있는 사실은 매우 의미 있는 사실이다.

2. 감광성수지의 기본 구조

감광성수지에는 그 분자 중에 광에 의해 변화하는 감광기(感光基)가 일부 존재한다. 감광기로서는 디아조[diazo(2개의 연결된 질소원자를 갖는 유기 화합물)], 아자이드[azide(아지화 수소 HNO3의 수소원자가 금속으로 치환된 화합물)], 신나모일(cinnamoyl), 비닐(vinyl) 등이 이용되고 있다. 이들을 그 반응구조로부터 분류하면 빛에 의해 분해되는 광분해형과 빛에 의해 중합되는 광중합형으로 나눌 수가 있다. 그리고 이들은 광분해 불가용형(光分解不溶化刑), 광분해 가용화형(光分解可溶化刑), 광이량화형(光二量化型), 광중합고분자형으로 나뉜다. 이하 그 대표 예를 나타내고 설명한다.

2.1 광분해 불가용화 수지(光分解不溶化型樹脂)

이 예의 대표적인 것은 디아조(diazo) 화합물을 이용한 감광성수지이다. 디아조 화합물, 예를 들면 파라디아조퀴논(paradiazoquinone)은 빛으로 분해되어 상호 중합된다(식(1)).

$$N_2 \text{—} \bigcirc \text{=O} \xrightarrow{\text{빛}} \left[O \text{—} \bigcirc \text{—} O \text{—} \bigcirc \text{—} O \text{—} \bigcirc \right]_n \qquad (1)$$

또한 4 – 니트로벤젠 디아조니움(4 – nitrobenzenediazonium)염은 에탄올 중에서 광자외선을 쬐어 주면, 4 – ethoxy nitrobenzene과 nitrobenzene이 된다(식(2)).

$$\bigcirc \xrightarrow[\text{알코올}]{\text{빛}} \bigcirc + \bigcirc \qquad (2)$$

이러한 알코올과 에테르(ether)를 만드는 반응을 이용하여, 폴리비닐 알코올(polyvinyl alcohol)의 광가교를 행하여 불용화될 수 있다(식3)).

$$-CH_2-CH- \quad + \quad N_2=R=N_2 \quad \xrightarrow{\text{빛}} \quad \begin{array}{c} -CH_2-CH- \\ | \\ O \\ | \\ R \\ | \\ O \\ | \\ -CH-CH_2- \end{array} \tag{3}$$

광분해에 의해 그대로 불용화되는 것의 대표적인 예는, 파라디페닐 아민(para diphenyl amine)과 포름알데히드(formaldehyde)의 축합 생성물로 이량체 또는 삼량체의 올리고머가 있다. 디아조수지는 수용성이지만 디아조 기(基)가 광분해되면 물에 불용성이 된다(식(4)).

$$\left[\begin{array}{c} N\equiv NX \\ | \\ \text{NH} \\ | \\ -CH_2- \end{array} \right]_n \xrightarrow{\text{빛}} \left[\begin{array}{c} X \\ | \\ \text{NH} \\ | \\ -CH_2- \end{array} \right]_n + N_2 \tag{4}$$

$n=2\sim3$

디아조기가 빛으로 분해되는 것을 이용한 감광성수지의 대표 예를 제시하였지만 최초 파라디아조 퀴논(para diazoquinone)의 광분해중합은 Kalle사에서 개발되었다. 이후 디아조니움(diazonium) 화합물과 폴리비닐알콜의 반응은 실크 스크린(silk screen)과 평요판용(平凹版用)으로 대량 사용되고 있으며 이후의 디아조수지는 네거티브-포지티브형의 옵셋(offset) 인쇄용 PS판으로 이용되고 있다.

2.2 광분해 가용화형 수지(光分解可溶化型樹脂)

이 타입의 대표적인 것은 디아자이드(Diazide) 화합물을 이용한 수지이다.

예를 들어 나프토퀴논 디아자이드(naphthoquinone diazide)는 자외선에 의해
케톤을 거쳐 물에 의해 카르복실산이 된다(식(5)).

$$(5)$$

 이 물질은 수용성이기 때문에, 빛을 받은 부분은 용해되고, 빛을 받지 못
한 부분은 물에 녹지 않고 남게 된다. 따라서 이러한 수지를 이용하면 포지
티브(positive)형의 광화상을 만들 수 있게 된다. 실용화되고 있는 감광성수
지의 경우는, 퀴논 디아자이드(quinone diazide)에 페놀수지를 혼합해 감광성
수지의 도막형성성(塗膜形成性)을 부여하고, 화상 부분의 접착성을 높였다.
노광 후에는 알칼리 수용액 현상에 의해 빛을 받아 가용화된 부분을 씻어
떨어뜨리는 것과 동시에 빛을 받지 못한 부분의 퀴논 디아자이드(quinone
diazide)를 알칼리의 작용으로 페놀수지와 반응시켜 정착시킨다(식(6)).

$$(6)$$

 오르소 나프토퀴논 디아자이드(Ortho naphthoquinone diazide)의 광분해가용
화를 이용한 수지는 포지티브(positive)를 구워 고정시켜 포지티브를 얻을 수
있는 포지티브-포지티브형 옵셋 인쇄판용 감광성수지의 대표적인 것이며,
또한 금속부식가공용 포토레지스트(photoresist)로서도 넓게 이용되고 있다. 시
판품은 오르소 나프토퀴논 디아자이드 술폰산(ortho naphtoquinone diazide
sulfonic acid)의 노볼락 에스터(novolac ester)가 많이 사용된다(식(7)).

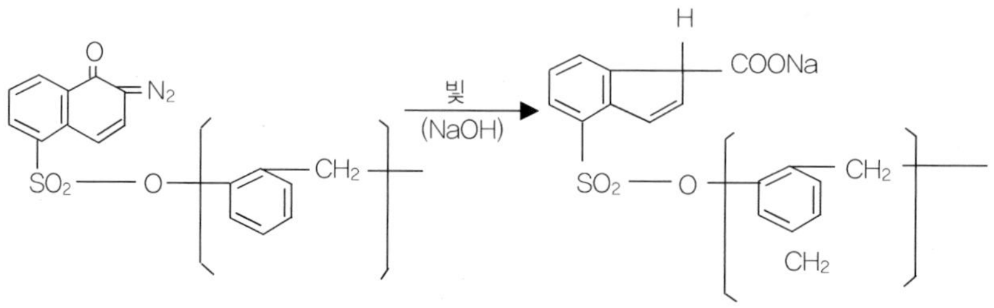

$$\tag{7}$$

2.3 광이량화형 수지(光二量化型樹脂)

    광이량화형 감광성수지는 그 분자 중의 감광성이중결합이 개열(開裂)해 이량화되어 사원환상(四員環狀)의 이량화가 되는 것과 같은 형식의 것이다. 대표적인 감광기로서는, 신나모일(cinnamoyl)기와 신나미리덴(cinnamiriden)기 등이 있다.

    구체적인 예로서는 계피산(cinnamic acid), 신나미리덴(cinnamiriden) 초산이 있고, 이것과 폴리비닐 알코올(polyvinyl alcohol)의 에스터는 폴리계피산비닐 (polyvinyl cinnamate) 식(8), 폴리 신나미리덴 초산 비닐(poly cinnamiriden 酢酸 vinyl) 식(9)이 된다. 어쨌든 빛에 의해 반응하고, 사원환을 만들어 거대분자화된다(식(10), 식(11)).

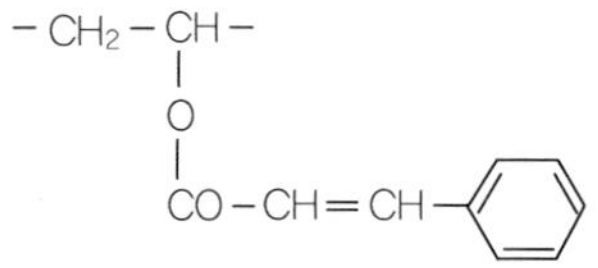

$$\tag{8}$$

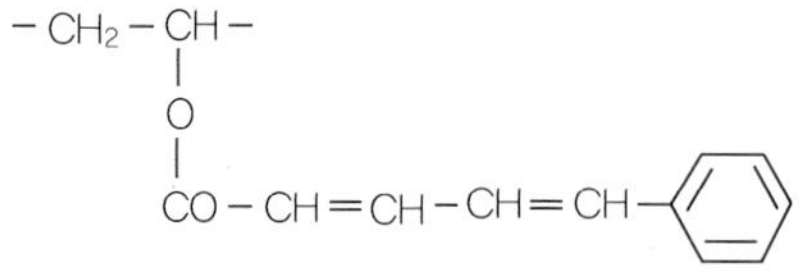

$$\tag{9}$$

$$(10)$$

$$(11)$$

또한 페닐렌 디아크릴릭 산(phenylene diacrylic acid)도 광이량화형의 감광기이고, 이런 디아크릴릭 산(diacrylic acid)과 이관능의 수산기 유도체의 축중합체인 폴리에스터 수지도 그 예이다(식(12)).

$$(12)$$

신나모일(cinnamoyl)기와 신나미리덴(cinnamiriden)기를 감광기로 하는 감광성수지는 감광기가 온도와 습도의 영향을 쉽게 받지 않고 안정하여 보존성이 우수하다. 감광성에 관해서도 많은 연구가 있어서, 증감제의 선정에 의해 감광파장역(感光波長域)을 장파장대로 이동시키거나, 감광속도를 빠르게 하는 것 등이 대폭 가능하게 되었다.

한 가지 예를 들자면, 폴리계피산비닐에 5 − 니트로아세나프텐(5 − nitroacenaphthene)을 첨가하면 첨가하지 않은 경우에 30분 노광을 필요로 하던 반응이 1분 이내로 단축된다. 감광파장역도 무첨가의 경우 300㎚ 부근이지만, 2, 4, 6 - 니트로 아닐린(2, 4, 6 - nitroaniline)을 첨가하면 그 감광파장역은 500㎚까지 확대된다. 앞서 기술한 페닐렌 디아크릴산(phenylene diacrylic acid)을 넣은 수지는 내쇄성(耐刷性)이 우수하여 양극산화한 알루미늄판에 도포한 offset 인쇄판은 수십만 부의 내쇄력이 있다고 한다.

이러한 수지는 그 구조로부터 추정되듯이 물에 녹지 않는다. 따라서 현상에는 용제가 사용된다. 노광되어 이량화된 부분은 내수성, 내용제성이 있어 프린트회로의 에칭레지스트와 망점(網点), 그라비아 제판용 레지스트로 사용되고 있다.

2.4 광중합 고분자형 수지(光重合高分子化型樹脂)

빛에 대한 활성인 기(基), 즉 감광기를 가지는 모노머, 올리고머가 빛에 의해 활성화되어 상호 혹은 다른 폴리머, 올리고머, 모노머와 반응해 고분자화, 거대분자화되는 것을 이 항(項)으로 분류한다. 전항(前項)과 같이 감광기가 광분해되어 변질가용화되거나 수지 내 감광기가 빛으로 분해되어 상호 혹은 다른 폴리머, 올리고머, 모노머와 반응하는 것이 아니라 감광기가 빛에 의해 개환(開環)되어 중합하여, 거대분자화되는 것이다. 다관능성 모노머와 올리고머의 상호 반응에 의한 고분자화 또는 관능기를 가진 폴리머와 관능성 모노머와 올리고머의 반응, 가교, 이러한 조합에 의해 거대분자화되는 것이다.

구체적인 예로서는, 비닐(vinyl)기를 가진 모노머, 올리고머가 대표적인 것으로서 비닐(vinyl)기 중에서도 아크릴로일(acryloyl)기가 가장 자주 사용된다. 예를 들어 단관능 아크릴산 에스터, 이관능 아크릴산 에스터는 많은 감광성 수지에 배합되어 있고, 자외선으로 용이하게 중합된다(식(13), 식(14)).

$$CH_2 = CH - COOH \quad \xrightarrow{\text{빛}} \quad + CH_2 - CH \, \rightarrow_n \atop \qquad\qquad\qquad\qquad\qquad COOH \qquad\qquad (13)$$

$$(14)$$

비닐(vinyl)기(acryloyl기)가 광중합되기 위해서는 자외선 250㎚ 이하의 단파장광이 필요하지만 보통 유리판은 300㎚ 이하의 자외선을 흡수하기 때문에 이러한 감광성수지에는 350㎚ 부근의 근자외선으로 라디칼을 생성하는 광중합개시제를 첨가한다.

광중합성 고분자화형 감광성수지의 특징은, 비닐(vinyl)기(acryloyl기)를 가지는 모노머, 올리고머, 폴리머의 조합이 무한이 가능하고, 이것을 자유로이 선정할 수가 있다는 것이다

따라서 수지의 물성도 용도에 따라 자유로이 선정할 수 있고, 감광전의 상태도 상온에서 저점도의 액체, 고점도의 점성체, 고체로 원하는 대로 고를 수 있다. 게다가 모노머와 올리고머를 다른 일반 수지와 혼합할 수도 있어 수지를 선정, 배합함에 따라 다방면의 요구에 대응할 수도 있다.

광중합 고분자형의 감광성수지가 다른 수지와 구별되는 큰 기능적 특징은 입체적 광성형이 가능하다는 점이다. 그리고 다관능 모노머와 올리고머를 자유자재로 선택할 수 있는 점, 무색투명한 점 등이 그 특징을 뒷받침하고 있다.

감광성수지에 있어 각종 물성을 가진 모노머, 올리고머, 폴리머를 원하는

대로 선정가능한 점은 용도의 다양화로 연결된다. 즉 인쇄용의 평판과 레지스트 같은 평면화상의 제작뿐만 아니라 철판과 스템프 등과 같은 가늘고 치밀한 입체화상의 제작, 타일과 도기의 입체모양형 등의 제작에 이용되고, 무용제인 광경화 페인트나 광경화 잉크, 안전유리의 광접착, 의료용 광경화 깁스, 그리고 공예용으로는 스텐드글래스 제작 등 다방면에서 쓰이고 있다. 또한 유리와 플라스틱의 광접착, 플라스틱의 표면재료 등에도 이용된다.

광중합경화에 의해 거대분자화된 수지는 내열성을 지니고, 빛으로 경화시키는 공정에 있어, 연신(延伸) 이외의 외력을 가하지 않기 때문에 치수안정성이 좋은 내열성의 광성형품을 얻을 수 있다. 이러한 것은 그 후 광성형 가공법의 개발과 더불어 새로운 분야에서 그 특징이 발휘되리라 본다.

감광성수지의 화학구조와 합성법

제3장

1. 감광성수지란?

감광성수지란, 광 에너지에 의해 화학반응을 일으켜 보다 기능을 높인 고부가가치의 수지를 얻는 것을 목적으로, 다종다양(多種多樣)하게 이용되어 있으며 현대의 하이테크 시대에는 결코 빠뜨릴 수 없는 주요 재료이다.

이때 빛이 가지는 특성, 즉 파장감광특성(해상성)과 파장이 가지는 빛에너지를 이용하고 있는 것이다.

전자에는 특히 IC, LSI를 중심으로 한 미세가공 레지스트 등의 포토리소그래피(photolithography)를, 또한 미세해상성을 그 정도 필요로 하지 않는 분야(예를 들어, 도료, 잉크, 접착제등의 전면 비화상(非畵像) 분야, 레지스트 등의 화상형성 분야)에, 특히 저온, 고경화, 화학가공을 주목적으로 빛에너지를 이용하려는 것이다.

감광성수지는 문자 그대로, 빛의 작용, 빛에 감응하여, 가교, 분해, 중합, 붕괴…… 등 그 수지의 성상(性狀)을 변화시키는 것으로, 그 성상변화를 다양한 용도에 응용하는 것이라 할 수 있다. 따라서 감광성수지는 수지 중에 감광기(感光基), 혹은 감광된 에너지를 받는 반응기(反應基)를 가지는 것이 필요하다(전자는 감광기 자체를 폴리머의 주쇄, 측쇄에 가지고 있는 고분자체, 후자는 '감광성화합물＋고분자화합물'의 혼합체).

일반적인 플라스틱, 예를 들면 필름, 엔지니어링 플라스틱, 도료접착제 등이 사용되는 동안 사용 폴리머의 특성이 중요시되고, 이것이 분자량과 고분자 구조에 좌우된다. 이와 마찬가지로 감광성수지도 전부 동일하여, 감광기는 광에너지 수용체에 지나지 않으며, 극히 중심골격을 이루는 고분자가 성상을 좌우하므로 응용에 있어 (감광기＋골격 고분자)의 특성을 충분히 고려하고 사용하는 이유가 여기에 있다.

감광성수지의 역사는 오래되어, 19세기 초기에 아스팔트 광경화를 시작으로, 오랜 기간 젤라틴 등 수용성 고분자에 중크롬산염을 배합하여 사진제판에 이용되어 왔다. 본격적으로 생산 분야에 주목받은 것은 1953년에 코닥사의 민스크 등에 의해 폴리계피산비닐이 발명되었고 내산성이 좋고 에칭 특성이 매우 양호하여 포토레지스트 재료(Kodac사의 상품명 'KPR'(Kodac Photo-Resist))로 출현하게 되었다.

시기를 같이하여 아자이드(azide) 화합물과 고무의 조합이 광가교된다는 사실의 발견, 1960년대의 퀴논 아자이드(quinone azide)계 포지형 감광성수지의 출현이 마이크로 레지스트(microresist)로 응용, 발전되고 있다.

한편 타임사의 나이론 감광성수지판, 듀폰사의 아크릴계 수지판인 디크릴(Dycril)판을 시작으로 한 수지철판, 바이엘(Bayer)사가 로스키달(Roskydal)라는 상품명으로 출시한 광경화용 도료가 불포화 폴리에스터인 것으로부터 광중합계 감광성수지가 다수 연구개발되어, 상품화되고 있다. 독일에서 염료공업의 발달과 더불어 염료중간체인 디아조(diazo)화합물의 연구로부터 Kalle사가 디아조(diazo)계 감광성수지를 발표한 이래 디아조(diazo)계 수지도 레지스트, 제판, 스크린 인쇄 등에 응용, 활용되어 오고 있다.

에너지	파수	진동수	파 장	전자파의 종류
(eV)	(om−1)	(s−1)
1.24×10^6	10^10	3×10^20	0.001nm (1pm)	감마선
10^5	10^9	3×10^19	0.01nm (1pm)	전자선
10^4	10^8	3×10^18	0.1nm (1Å)	경×선
1000	10^7	3×10^17	1nm	×선
100	10^6	3×10^16	10nm	연×선
10	10^5	3×10^15	100nm	자외선
380nm
780nm	기시광선
1	10^4	3×10^14	1000nm (1μm)	근적외선
적외선
0.1	10^3	3×10^13	10μm	원적외선
10^-2	10^2	3×10^12	100μm
10^-3	10^1	3×10^11	1mm	마이크로파
10^-4	1	3×10^10	1om
10^-5	10^-1	3×10^9	10om
10^-6	10^-2	3×10^8 (300 MHz)	1m	전파
10^-7	10^-3	3×10^7 (30 MHz)	10m
10^0	10^4	3×10^6 (3 MHz)	100m

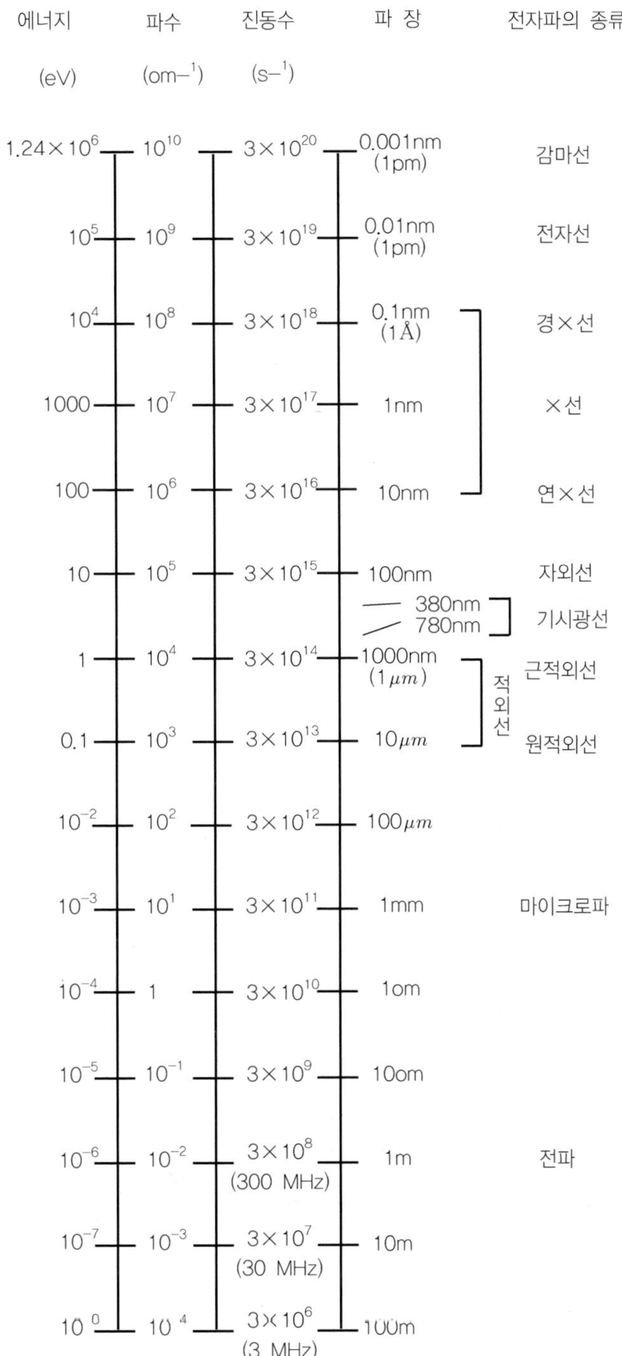

그림 3.1 전자파의 분류

2. 감광성수지의 종류와 분류

현재 세상에 존재하는 감광성수지는 다수 있으며 각종 분야에서 활용되고 있다. 그 분류방법은 사람에 따라 여러 가지로 확정되어 있지 않다. 예를 들면,

① 광반응에 의한 분류: 광가교, 광중합, 광분해, 광이량화……

② 광감응기에 의한 분류: 디아조(diazo)기, 아자이드(azide)기, 신나모일(cinnamoyl)기, 비닐기, 아크릴레이트 등

③ 성상변화에 의한 분류: 광불용형, 광가용형, 광붕괴형, 광전도, 광발색 등

④ 용도에 의한 분류:

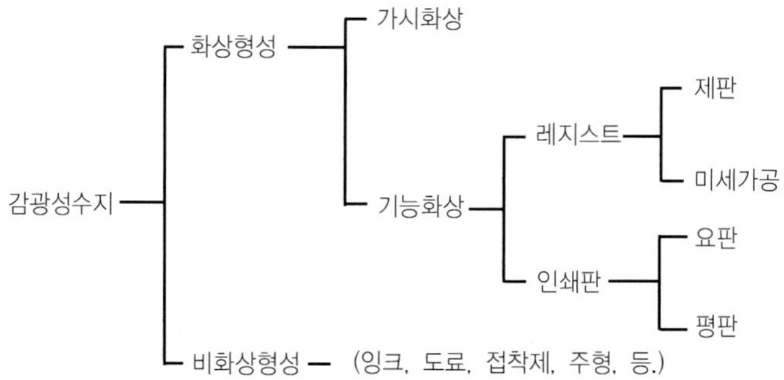

⑤ 감광성수지의 조성에 의한 분류

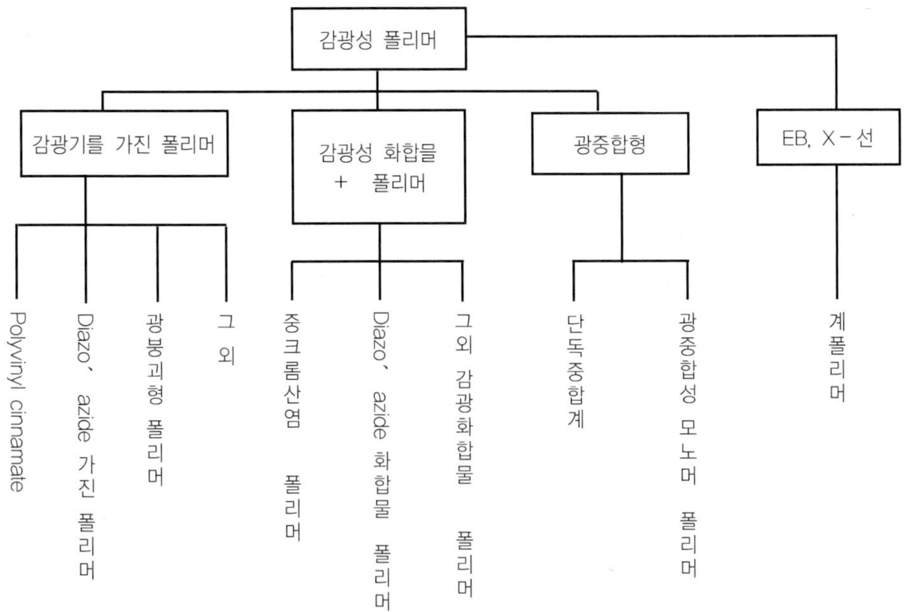

표 3.1 감광성 수지의 분류

	분류	대표예	용도
광 가 교	금속가교	PVA통. 수용성 폴리머와 중크롬산염 $Cr^{6+} \rightarrow Cr^{3+}$ Cr이온외 광환원킬레이트 가교	인쇄판, 레지스트
	광이량화	계피산폴리머외 사이클로부탄 환형식 이량화	인쇄판, 레지스트
광 분 해	광분해가교	Azide 화합물　생성나이트렌으로 가교 Diazo가교	인쇄판, 레지스트(마이크로 레지스트)
	광분해불용성	Diazo resin	인쇄판, 레지스트
	광분해수용성 (가용성)	0-quinon diazide	인쇄판, 레지스트(마이크로 레지스트)
광 중 합	광소사→라디길 발생→라디칼 중합 (이온중합)	*vinyl monomer *vinyl prepolymer *polymer 의 라디칼 중합	도료, 접착, 잉크, 주형틀, 인쇄판

본 장에서는 '감광성수지의 구조와 합성'에 중점을 두고 있으므로 ①, ②에 의한 분류법에 준해서 서술할 것이다. 또한 이것이 일반적이기도 하다.

3. 감광성수지의 광반응

3.1 광(光)이란?

빛의 본질이 정착된 것은 양자역학의 완성 후, 특히 아인슈타인이 제창한 광량자설이 발표되고서이다. 이에 따르면 빛이란 전자파의 일종으로, 열선, 적외선, 가시광선, 자외선 등으로 이루어져 있고, 입자성을 지닌 중성으로 질량을 가지지 않는 최소 에너지 단위인 광량자(Photon)의 집합체이다.

전자파＝광＝광전자의 에너지는 파장(진동수)에 따라 다르고, 일반적으로 수식으로 부여할 수 있다.

$E = hv = hc/\lambda = $ Plank 상수 x 광속도$/\lambda$ (1)

단 E: 광자 1개의 에너지(erg)

  v: 진동수

  λ: 파장

  Plank 상수: 6.625×10^{-27}

  광속도: 3×10^{10}

(1)식에 의해 파장 λ가 증가하면 에너지는 작아지고 λ가 감소하면 에너지는 커지게 된다.

화학반응의 실용단위는 1mol 분자, kcal이므로, (1)식을 mol, cal로 단위를 환산하면

$$N \bullet E = N \bullet h\nu = (6\text{x}10^{23}) \times (6.626\text{x}10^{-27}) \times (3\text{x}10^{10})/\lambda \, (erg)$$

단 N은 아보가드로 상수이고 $1\,cal = 4.183 \times 10^7 erg$이므로,

1mol 광양자의 에너지는 $N \bullet h\nu = 2.851/\lambda\,(cm)\,cal$ (2)로 나타낼 수 있다. (2)식으로 계산한 빛의 파장과 에너지와의 관계를 그림 3.2에 나타내었다.

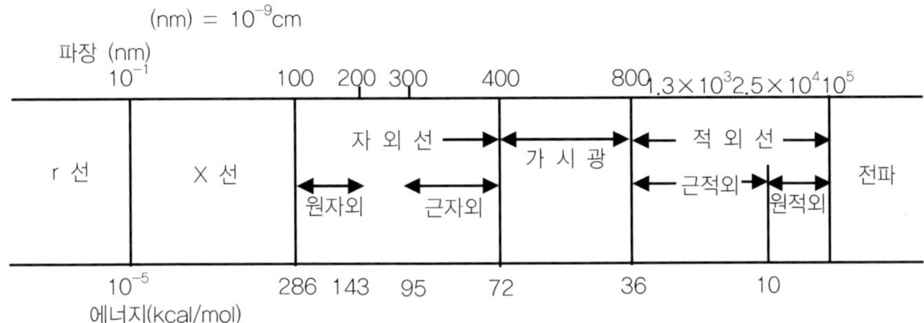

그림 3.2 광파장과 에너지

우리는 UV와 가시광선과 관련하여 에너지의 크기를 계산할 수 있다. 위에서 언급했듯, 플랑크의 상수는 광량자(photon)와 파장(wavelength)의 에너지 사이의 비례 상수이고, 어떤 특정 파장의 에너지 E(λ)는 다음과 같이 계산할 수 있다.

$$E_{(\lambda)} = h\nu = \{hc/\lambda\} = \{(6.6256 \times 10^{-27} erg \bullet sec)/quantum\}\{c/\lambda\}$$

이러한 에너지는 wave packet과 관련하여 특정 에너지로서 파장은 λ이다. 종종 화학자들은 재료 1몰과 관련한 에너지, 양자 1몰과 관련한 에너지에 큰 흥미를 가지고 있다. 이러한 에너지의 양은 아보가드로수인 6.023×10^{23}과 같다. 그래서 만약 변화를 줘서, 빛의 속도를 대신하빈 다음과 같이 표현할 수 있다.

$$E_{(\lambda)} = [(6.6256 \times 10^{-27} \text{erg} \cdot \text{sec})/\text{quantum}]$$
$$\times [(6.023 \times 10^{23} \text{quantum})/\text{mole}][(2.9979 \times 10^{10} \text{cm})/\text{sec}][1/\lambda]$$

또는

$$E_{(\lambda)} = [(1.1963 \times 10^{8} \text{erg} \cdot \text{cm})/\text{mole}] \ [1/\lambda]$$

다시 다르게 표현하면 다음과 같다.

$$E_{(\lambda)} = [(1.1963 \times 10^{8} \text{erg} \cdot \text{cm})/\text{mole}] \ [10^{7} \text{nm/cm}]$$
$$\times [1\text{Joule}/(1 \times 10^{7} \text{ergs})][1/\lambda \text{nm}]$$
$$= [(1.1963 \times 10^{8})/\lambda][\text{joule/mole}]$$

이는 몰당 joule로써 표현을 하였으며, 다음은 몰당 킬로칼로리로 표현을 하였다.

$$E_{(\lambda)} = [(1.1963 \times 10^{8} \text{joules})/\lambda \text{mole}][1 \text{kcal}/4184 \text{joules}]$$
$$= [(2.8592 \times 10^{4})/\lambda][\text{kcal/mole}]$$

다양한 파장에서의 $E(\lambda)$의 값은 표 1.1에 나타내었다. 에너지는 이중결합의 단절로 얻을 수 있으며 자유 라디칼 형성은 에너지를 받고 있는 특정 화학 분자에 의존한다. 이는 몰당 $10 \sim 80 \text{kcal}(0.42 \sim 3.35 \times 10^{5} \text{J/mole})$을 필요

표 3.2 파장과 몰당 에너지

파장	몰당 에너지	
λ	$\text{J} \times 10^{-5}$	kcal
100	11.96	286.00
200	5.98	143.00
300	3.99	95.3
400	2.99	71.5
500	2.39	57.2
700	1.71	40.9

로 하며 표 3.2과 비교해 보았다.

표 3.3 결합해리 에너지와 광파장의 예

결합	Kcaimol^{-1}	KJ mol^{-1}	파장(nm)
C-H	98	410	292
C-N	78	326	367
C-Cl	78	326	367
C-C	80	335	358
C-O	88	368	325
H-N	93	389	308
H-H	103	430	278
H-Cl	102	427	280
H-O	109	456	262
C=C	145	607	197
C=N	153	640	187
C=O	179	749	160
C=C	198	828	144
C=N	288	996	120

3.2 광화학반응이란?

광화학반응은 분자가 빛을 흡수하는 것으로부터 시작하여, 다음과 같은 법칙을 전제로 한다.

① 흡수된 빛만 광반응에 관여할 수 있다(1818년 Grothus).

② 빛의 흡수는 광량자 단위로 이루어지고 한 분자는 하나의 광량자만을 흡수할 수 있다(1 몰 분자는 1 몰 광량자를 흡수)(1912년 아인슈타인).

다시 말하면, 광반응은 빛의 흡수가 없으면 일어나지 않으며 아무리 많이 빛을 조사해 주어도 흡수되는 양은 일정량임을 의미한다. 예를 들어 장파장 영역에 흡수기를 가진 물질에 에너지가 높은 단파장 자외선을 조사하여도 흡수가 일어나지 않으므로 광반응이 일어나지 않고, 반대로 흡수되는 장파장 측 적외선, 가시광을 조사하더라도 일정량의 에너지밖에 흡수되지 않는다(적외 흡수, 또는 착색 등). 그리고 장시간 조사하여 누적 에너지를 늘려도 화학반응이 일어나는 일은 결코 없음을 의미한다.

　일반적인 유기화합물의 대부분은 공유결합으로 되어 있고 화학반응이 생기는 데는 결합의 분리, 재결합 등의 반응이 핵심이 되므로 이러한 반응을 일어나게 하려면 수십 킬로칼로리(kcal)의 에너지가 필요하다. 그리고 화학반응 자체는 전자레벨에서의 반응이 주체가 됨은 열역학, 화학반응속도론, 양자역학 등에서 배운 대로이다. 즉 반응을 일으키는 데 전자 여기가 필요하고 그 에너지가 보통 수십 킬로칼로리(kcal) 정도 되는 것이다.

표 3.4 감광성 수지와 흡수파장(비증감제계)

감광성화합물	흡수파장역
$(NH_4)_2Cr_2O_7$ $(HCrO_2^-)$	250　350　440nm
신나메이트 $-O-C-C=C-\bigcirc$ (C에 O 이중결합)	300nm付近
아자이드	
$N3-\phi-C-\phi-N3$	257nm
$N3-\phi-C{=}C-\phi-N3$	338nm
$N_3-\phi-C{=}\!\!\!\bigcirc\!\!\!{=}C-\phi-N_3$　356 nm (CH$_3$ 치환 시클로헥사논)	356nm
디아조 $-N\equiv N$	365～420nm
디아조레진	320～500nm
오르소퀴논 디아자이드 (나프탈렌온 N_2)	320～460nm
광중합계 $C=C$	163　263nm
TMP-TA	252nm
NPG-DA	251nm
UP	247nm
비닐에스터	248　284nm

　표 2.2에서 알 수 있듯이 대체로 감광성수지의 흡수 파장은 300～400nm이고 자외선 흡수 영역에 모여 있다. 하지만 비닐기, 아크릴로일(acryloyl)기($C=C$, $C=C-CO-$) 등 광중합계의 기본을 이루는 것은 250nm 부근밖에

흡수 영역을 가지지 않는다.

다시 말해서, 강한 250㎚의 빛을 내는 자외선만이 반응을 일으키는 것을 의미하고 실용적으로 매우 부적당하다고 볼 수 있다. 따라서 실용적인 파장으로 조금 더 장파장 영역인 300~400㎚의 빛으로 반응을 발생시키기 위해 그 파장 영역의 빛을 흡수하는 첨가조제, 촉매(증감제)를 첨가해, 첨가된 증감제가 빛을 흡수하고 활성화되어, 이차적으로 광중합반응을 유도하는 방법이 사용되고 있다(비닐중합, 라디칼 중합에 과산화 촉매로 열중합을 수행하는 것도 동일하다).

따라서 증감제도 일종의 감광성화합물이고, 이를 통칭해 광개시제(光開始劑)라 한다.

4. 감광성수지의 기본 구조와 합성실험 예

앞서 기술한 것과 같이 현존하는 감광성수지는 종류도 다양하고 분류도 여러 가지이다. 본 절에서는 일반적 분류법인 감광기와 광화학반응에 의한 분류에 따라 아래의 순서대로 정리한다.

표 3.5 감광성 수지의 일반적 분류법

분류	
광가교형	금속이온 중크롬산형 감광성수지
	광이량화형 감광성수지(신나메이트계)
광분해형	광분해가교형(아자이드계)
	광분해불용형(디아조계)
	광분해가용형(퀴논디아자이드계)
광중합형	불포화 폴리에스터계
	아크릴레이트
	Ene계 부가반응
	양이온 중합계

4.1 광가교형(光架橋型) – 중크롬산염계 감광성수지

1832년에 Suckow 등이 발표한 이래, 역사적으로 가장 오래된 감광성수지로 현재도 중요시되고 있다.

천연수용성 고분자(젤라틴, 카제인, 아라비아고무 등)나 합성 수용성고분자(PVA, P – Am 등)에 감광제로 중크롬산염을 첨가하고 빛을 조사하면 노광부는 가교되어 불용성이 된다.

감광 메커니즘은 명확하지 않지만, 6가 크롬이온이 빛에 의해 환원되어 3가 크롬이온이 되는데,

$$Cr^{+6} \xrightarrow{h\nu} Cr^{+3}$$

Cr^{3+}이온이 고분자에 존재하는 $-C=O$, $-NH$ 등의 홀전자에 배위해 킬레이트 가교가 된다는 것이 정설로 되어 있다.

정확히, 크롬산 혼액(混液)에 의한 유기화합물의 산화반응과 비슷하고, 이때 마찬가지로 Cr 이온은 6가에서 3가로 환원된다.

PVA를 예로 들면, PVA의 OH기의 H가 방출되어 케톤 구조가 만들어지고 Cr^{3+}가 생성된 케톤기(基)에 배위한다.

Cr^{3+}이온은 $-C=O$, $-NH$뿐만 아니라 $-OH$, $-NH_2$, $-COOH$, $-COHN_2$, SO_3H와 같은 비공유전자쌍을 가진 관능기에 배위하는 것이 가능해지며 이러한 관능기를 폴리머 내에 가진 수용성고분자는 거의 중크롬산염으로 광가교가 이루어진다.

수용성고분자뿐만 아니라 비수폴리머인 폴리에스터, 폴리아미드 등도 광경화될 수 있다.

예를 들면, 알코올현상이 가능한 최초의 수지철판(타임사의 나이론판)이 이와 같은 경화법으로 만들어졌으며 특허에 그 방법이 제시되어 있다.

$$\begin{matrix} K_2 \\ (NH_4)_2 \end{matrix} Cr_2O_7 \ in \ H_2O \longrightarrow \begin{matrix} Cr_2O_7^{2-} \\ HCrO_4^- \\ CrO_4^{2-} \end{matrix} \cdots\cdots (光活性)$$

의 형태로 이온화된다. 이 가운데 $HCrO_4^-$만이 광활성을 보이므로 $HCrO_4^-$이 존재하지 않는 pH 8 이상에서는 광반응이 거의 일어나지 않는다.

따라서 $HCrO_4^-$의 존재 비율을 좌우하는 pH가 이 계에 속하는 감광성수지에 있어 중요 변수가 된다.

pH가 낮은 산성 쪽에서는 $HCrO_4^-$가 존재하고 250, 350, 440nm의 빛을 흡수하므로 앞서 말한 바와 같이 킬레이트 가교를 일으킨다.

감광제로서 크롬산염은, $K_2Cr_2O_7$, $(NH_4)_2Cr_2O_7$이 이용되지만 암모니아염이 일반적이다.

pH가 8보다 클 경우 광반응을 일으키지 않는 현상을 이용해 감광액을 조정하는 동안 암모니아를 첨가해 알칼리성으로 만들어 두고, 피막화 과정에서 암모니아의 비산(飛酸)으로 산성화하여 광흡수, 광활성화, 광가교시키는 방법이 도용되고 있다.

중크롬산계 감광성수지는 주로 레지스트에 사용되는데, 카제인계는 에칭 레지스트에 사용되고, PVA 등을 조합한 것은 인쇄(平版平凹版, 스크린판) 등에 응용된다.

4.2 광가교형(光架橋型) - 광이량화형 감광성수지

광이량화형 감광성수지는 폴리머 중에 감광기인 신나모일(cinnamoyl)기(φ

$-C=C-COO-$)나 신나미리덴(cinnamriden)기 $(\phi-C=C-C=C-COO-)$
를 포함하는 폴리머이다. 즉 다른 감광성수지가 감광성수지화합물과 고분자
화합물의 블렌드형(아자이드, 디아조, 광중합계), 혹은 감광성올리고머(디아
조수지)인 데 반해, 이 형태에 속하는 폴리머는 고분자 자체가 감광성수지
를 가지고 있으므로 엄밀한 의미로서 본격적인 감광성폴리머라 할 수 있다.

자연적으로 존재하는 계피산(cinnamic acid)이 빛에 의해 이중결합이 깨어
지고, 라디칼 중합으로 싸이클로부탄(cyclobutane)을 만든다는 사실이 일찍이
알려져 있었으며 이 반응을 이용한 것이다.

$$\text{φ} - C = C - COOH \xrightarrow[\substack{hv \\ \sim 300nm \sim}]{\text{光}} \quad \text{φ} - \underset{\underset{\text{φ}}{\overset{|}{HOOC-C}}}{\overset{|}{C}} - \underset{}{\overset{|}{C}} - COOH \tag{3}$$

식(3)의 현상을 폴리머에 응용한 것이 코닥사의 민스크 등에 의해 발명된
폴리계피산 비닐이다.

이들은 쇼튼-바우만(Shotten-Bauman)반응을 이용해, PVA에 계피산 클
로라이드를 피리딘 중에서 에스테르화시키는 고분자반응으로 폴리비닐 신
나메이트(p-vinyl cinnamate)를 합성했다.

$$\text{PVA}-OH \ + \ \text{φ}-C=C-COCl \xrightarrow[\text{(산수용제)}]{\text{피리딘}} \quad O-\underset{\overset{\|}{O}}{C}-C=C-\text{φ} \tag{4}$$

여기서 골격이 되는 폴리머에 고분자량의 PVA가 사용되어 있으며, PVA
가 가지고 있는 피막특성이 양호하고 특히 내산성이 좋아 포토에칭 레지스
트 재료로 우수하다. 코닥사사는 1953년에 'KPR'(Kodac-Photo-Resist)로
상품화하게 되었다.

폴리비닐 신나메이트는 빛에 의해 신나모일(cinnamoyl)기의 이중결합이 열려 싸이클로(cyclobutane) 고리가교에 의해 거대분자화된다.

$$(5)$$

식(4), (5)과 같이, 신나미리덴 초산비닐도 모두 동일한 방법으로 합성되고 같은 메커니즘으로 광가교와 거대분자화가 된다.

$$(6)$$

어쨌든 PVA 등의 고분자화합물에 고분자 에스테르화 반응으로 감광기인 신나메이트(cinnamate)기, 신나미리덴(cinnamiriden)기를 측쇄에 부가한 것으로, 전자의 경우에는 KPR, 동경응화(東京應化)(TOK)의 TPR 등, 후자의 신나미리덴(cinnamiriden)계로는 코닥사의 'KOR'(Kodac – Ortho – Resist)가 유 녕하나.

합성법으로, 고분자반응에 의한 에스테르화 반응뿐 아니라, 이러한 감광기를 가지는 비닐모노머(vinyl cinnamate)를 중합반응으로 고분자화하는 것도 당연히 가능하다.

단 반응중 보통의 계피산 비닐모노머의 라디칼중합은 중합반응 중 광이량화가 발생하거나 겔화가 진행되어 실제는 수행할 수가 없다. 응용되는 방법은 비교적 저온에서 행할 수 있는 이온 중합, 양이온 중합으로 합성되고 있다. 양이온 중합에서는 라디칼 중합과 달리 중합기인 불포화 이중결합이 양이온 중합 타입, 즉 전자밀도가 풍부한 친핵성일 필요가 있다. 이 방법으로 합성되는 예로 다음을 들 수 있다.

$$\text{계피산 소다} + \text{클로로 비닐에테르 (양이온 중합형)} \longrightarrow \beta\text{-비닐옥시신나메이트} \xrightarrow[\text{양이온중합}]{BF_3} \left(CH_2-CH\right)_n \quad (7)$$

중합법에 의해 합성된 것은 고분자반응으로 합성된 것과 달리, 100% 신나메이트 감광기를 가진 폴리머이기 때문에 감도, 해상성이 특히 우수하여 마이크로 레지스트 재료로 이용된다. 동경응화사의 'OSR'이 유명하다.

응용예로서는, IC, 금속미세가공의 마이크로 레지스트, 프린트회로의 에칭 레지스트, 인쇄판의 레지스트 재료로 응용되고 있다.

4.3 광분해형(光分解型) – 광분해가교형 감광성수지 – 아자이드(azide) 계 감광성수지 –

　아자이드계 감광성수지는 통칭 고무감광액으로 잘 알려져 있고, 범용성, 저비용, 게다가 이 계의 특징인 '해상성'이 매우 우수하다. 빛을 이용한 경우의 한계에 가까운 해상력($2 - 3\,\mu m$)도 가능하기 때문에 IC 등의 집적회로, 금속미세가공 등의 포토에칭 레지스트로 응용되고 있다.
　아자이드계 감광성수지의 감광기(基)는, (8)식에 보이는 것이 같이 빛조사에 의해 삼중항나이트렌(nitrene) 비라디칼의 생성, 비라디칼의 폴리머와의 가교반응에 의한 것이다.

$$R - N_3 \xrightarrow[-N_2]{h\nu} \quad \begin{array}{l} R - \overline{N} : \quad \text{이중항 나이트렌} \\[6pt] R - \overline{N} : \quad \text{삼중항 나이트렌} \end{array} \tag{8}$$

　단일항나이트렌은 친전자성으로 라디칼성을 보이지 않는 데 반해 삼중항나이트렌은 비라디칼이고 라디칼성을 띤다.
　아자이드계 감광성수지에서는 이 삼중항나이트렌의 비라디칼만을 이용한다.

$R - N3$에 있어

$$R \rightarrow \begin{cases} \bullet \ C - C - \cdots\cdots C - \text{알킬기} \\[6pt] \bullet \ \text{⬡—} \quad\quad \text{방향족기} \quad (\text{⬡} - N_3) \\[6pt] \bullet \ R' - CO -, \ R' - SO2 - \text{아실, 술포닐} \end{cases}$$

가 존재하지만, 감광성화합물로서는 방향족기인 방향족 아자이드, 방향족 비스아자이드 형태가 실용되고 있다.

아자이드계 감광성수지에 있어, 아자이드기를 고분자반응으로 측쇄에 도입한 아자이드 고분자, 아자이드 화합물과 고무, 노볼락 페놀(novolac phenol) 등 비감광기계 폴리머와의 혼합물 2종류가 있으나 실용화되고 있는 것은 비스아자이드와 고분자의 혼합물이다.

방향족 아자이드가 광분해로 만든 나이트렌 비라디칼은 매우 활성을 보이며 다음 식과 같은 반응을 일으킨다.

$$R-N_3 \xrightarrow{hv} R-\bar{N}\cdot$$

수소흡인반응 (9)

부가반응 (10)

$$2R-\bar{N}\cdot \longrightarrow R-N=N-R$$ カシプリソグ 反応 (11)

(2), (3), (4)식 단독 혹은 병합반응에 의해, 아자이드 화합물과 고분자 간의 광가교반응이 진행되고 거대분자화되어 간다.

아자이드기의 광화학반응성을 이용해 실제 이용되는 것은, 분자 내에 아자이드기를 두 개 가진 비스아자이드 화합물을 감광제로서, 천연고무, 합성고무(IR, BR), 또는 그 일부를 환화(環化)한 환화고무에 첨가한 고무감광액과 아자이드피렌(azide pyrene)를 감광제로서, 메타 크레졸(m-cresol)로 된 노볼락 페놀(novolac phenol)에 더한, 약알칼리현상형의 부식 PS철판용 레지스트 감광액의 2종류이다.

4.4 광분해불용형(光分解不溶型) 감광성수지(디아조diazo계)

빛을 비추면 분해하는 것에 디아조(diazo)계 화합물이 있다. 디아조니움(Diazonium)염과 디아조 옥사이드(diazo oxide)(퀴논 디아자이드라고도 한다)의 두 종류가 있다. 전자는 수용성염의 형태로 광조사에 의해 분해되어

N2가스를 방출하고 조염성(造塩性)을 상실, 즉시 수용성이 아닌 형태로 변한다. 반면 후자는 광조사로 −COOH기가 만들어져 수용성이 되는 것이다.

디아조니움염은 다음과 같은 광화학반응을 한다.

$$R - C_6H_4 - N \equiv N^{\oplus} X^{\ominus} \xrightarrow{h\nu} R - C_6H_4 - X + N_2 \uparrow$$

(X : OH^-, Cl^-, $-HSO_4^-$ 등.)

$$\tag{12}$$

$R - C_6H_4 - N \equiv N \cdot X$ 은, 마치 NH_4Cl구조와 유사하고, 디아조니움염기와 산성음이온으로 염을 만들고 있다. $R - C_6H_4 - X$ 은 유기화합물로, 수용성이 되기는 어렵다.

디아조 화합물은 아조(azo)계 염료의 중간체로 오래전부터 알려져 있었고 1859년 P. Griess의 발견으로 거슬러 올라간다.

그는 방향족 아민화합물과 아초산(亞硝酸)소다의 반응에 의해 아조화합물도 발견하고, 아조 커플링(azo coupling)반응으로 아조 염료의 합성에 대한 기초를 다졌다(반응식(13)).

$$R - C_6H_4 - NH2 \cdot HCl + NaNO2 + 2HCl \xrightarrow{0° \sim 5℃} R - C_6H_4 - N \equiv N \cdot Cl + NaCl + 2H2O + HCl$$

$$\tag{13[20]}$$

(2)식은 디아조화의 기본 반응식이다. 디아조화합물은 매우 불안정하므로 안정하게 합성하기 위해서는 제일 아민의 염산염을 수용액에 냉각해 두고, 당량의 $NaNO_2$와 2당량의 HCl를 가한다. 1당량의 HCl은 반응에 관여하지 않지만 pH를 산성으로 유지해 부반응을 방지하는 목적으로 쓰인다.

1881년 Berthelot의 디아조화합물에 감광성이 있다는 사실의 발견으로부터 니아조수지감광제로 발달해 왔다.

(14)식과 같이 진행하여, 포지−포지형이 만들어진다.

$$\text{• 노광부} \quad R-\!\!\bigcirc\!\!-N_2X \xrightarrow{\ hv\ } R-\!\!\bigcirc\!\!-X + N_2 \uparrow$$

$$\text{• 비노광부} \quad R-\!\!\bigcirc\!\!-N_2X + \underset{\text{(페놀성 화합물)}}{\text{커플러}} \xrightarrow{\ \text{알칼리}\ } \text{아조 커플링 반응}$$

$$R-\!\!\bigcirc\!\!-N=N-Ph-OH \tag{14}$$

$R-\!\!\bigcirc\!\!-N\!\equiv\!N\!\cdot\!X$ 은 치환기 R의 종류와 치환위치에 따라(o $-$, m $-$, p $-$위치) 무수히 존재하고 지금까지 많은 연구가 이루어져 왔다. 어떠한 종류의 디아조화합물이라도 모두 좋은 것은 아니며 열안정성, 가수분해안정성 그리고 광분해효율, 흡수파장 영역의 폭 등의 조건에 따른다. P $-$위치에 전자방출기(R_2N-, $RO-$)가 치환되면 화합물은 안정화되고, 아조기에 전자가 풍부해져 광분해가 수월해진다. 실용화되고 있는 것으로 디아조감광제와 함께, p $-$위치에 아미노기가 도입된 것이다.

디아조화합물은 빛에 의해 이온 분해나 라디칼 분해형이 된다. 분해형은 놓인 환경조건과 병용되는 폴리머, 다른 화합물에 좌우된다.

$$R-\!\!\bigcirc\!\!-N\!\equiv\!N^+X \xrightarrow{\ hv\ } R-\!\!\bigcirc^{\oplus} + X^{\ominus} + N_2 \uparrow \to R-\!\!\bigcirc\!\!-X \quad \text{이온분해}$$

$$\xrightarrow{\ hv\ } R-\!\!\bigcirc\!\cdot + X\cdot + N_2 \uparrow \to R-\!\!\bigcirc\!\!-X \quad \text{라디칼 분해} \tag{15}$$

(15)식과 같이 단독의 경우는 $R-\!\!\bigcirc\!\!-X$ 이 되어 비수성(非水性)이 된다. 또한 PVA 같은 화합물이 존재하면 PVA와 반응하여 PVA의 비수화, 가교반응을 일으키게 된다.

$$\overset{\frown}{OH} + Cl^-N_2^+\!\!-\!\bigcirc\!\!-\!\bigcirc\!\!-N_2^+Cl \longrightarrow \cdot\!\bigcirc\!\!-\!\bigcirc\!\cdot + Cl\cdot + N_2 \uparrow$$

$$\overset{\frown}{OH} + Cl\cdot \to \overset{\frown}{O}\cdot + \cdot\!\bigcirc\!\!-\!\bigcirc\!\cdot \longrightarrow \!\!\int\!\!O\!\!-\!\bigcirc\!\!-\!\bigcirc\!\!-O\!\!\int$$

감광성수지로서 안정화된 형태로 실용화되어 있는 것은 1934년 Kalle사
의 Schmidt에 의해 합성된 디아조수지이다.

그는 파라 아미노 페닐 아민(p − amino phenyl amine)의 아조니움(azonium)
염과 HCHO를 축합시켜 디아조수지를 합성하였다.

$$\text{(16)}$$

$X^{(-)}$로서, Cl^-, $HSO_4^{\,-}$, $ZnCl_2$ 등의 다가(多價)금속염의 복염(複塩)으로
한 것은 수용성이 된다. 그리고 파라 톨루엔 술폰산(p − toluene sulfonic
acid) 같은 유기산의 염으로 되면, 유기용제가용성이 되고, 다양한 유용성(油
溶性) 고분자와의 병용도 가능해져 응용범위도 확대된다.

디아조수지는 단독으로 사용하는 경우와 PVA 등 수용성 화합물과 혼합
해 이용하는 두 가지 경우가 있다.

전자의 단독사용은, 평판인쇄판인 PS판, 와이폰판으로 많이 사용되고 있
다(옵셋 인쇄).

$$\text{(17)}$$

노광부는 유성이 되어 유성잉크를 수용하기 쉬워진다. 단 n＝2－3이므로 저분자이기 때문에 피막이 약하고 내쇄력이 떨어진다. 더욱이 또 한 가지의 단점으로 Al 등 금속판에 도포할 경우 불안정해진다.

이에 대해, 다양한 방법으로 내쇄력을 향상시키기 위한 연구가 진행되었는데, 고분자량 디아조에 대한 연구, 다른 고분자와의 블렌드 혹은 알루미늄(Al)판을 양극산화하여 피막의 밀착성을 증가시키는 방법으로 개량이 이루어졌다. 그리고 도포된 디아조수지의 안정화법의 하나로(PS판), 알루미늄(Al)판을 불화 Zr염으로 처리하는 등의 방법으로 알루미늄판의 불활성화법 등이 제안되어 있다.

$$(18)$$

디아조수지의 또 하나 사용법으로 PVA와 병용하는 방법이 있는데 PVA/디아조수지는 평철판인쇄의 레지스트 재료로 활용되고 있다. 어느 것이나 PVA와 디아조수지의 광가교에 기초를 두고 있다. 앞의 (17)식과 같은 메커니즘으로 불용화된다.

(17)식처럼, 디아조수지의 산성 음이온이 산촉매로서의 역할을 하여,

HCHO축합물의 methylol과 PVA의 OH 사이에 에테르(ether)축합을 일으킨다. 이러한 가설은 일반화되어 있다. 디아조수지의 흡수파장 영역은 360〜420㎚에 있다.

지금까지 기술한 내용은 네거티브형 디아조수지에 대한 것이다(노광부가 친유성화상으로 남는다).

디아조수지를 사용한 포지티브형 감광제도 PS판, 와이폰판으로 널리 사용되고 있다.

4.5 광분해(光分解) – 가용형 감광성수지(오르소 퀴논디아자이드o–quinonediazide계)

벤젠, 나프탈렌핵의 아미노기에 대해, o–, p–위치에 수산기를 가진 아미노 화합물을 디아조화하면, 퀴논 디아자이드(또는 디아조 옥사이드)가 된다.

$$\text{HCl},\ \text{NaNO}_2 \tag{19}$$

생성되는 퀴논은 모두 디아조니움염과 달리 이온구조, 조염성(造塩性)이 없고, 물에 녹지 않으며 유용성(油溶性)이 된다. 그리고 오르소, 파라 퀴논에 빛을 쬐어 주면 (20)식과 같이 된다.

$$(20)$$

파라 퀴논(p – quinone)은 광중합을 통해, 파라 페닐렌 옥사이드 고분자(p – phenylene oxide polymer)를 생성한다.

오르소 퀴논(o – quinone) 유도체는 케텐(ketene)을 거쳐 카르복실산이 된다. 이 카르복실산은 알칼리에 의해 용해되므로 광조사 – >분해 – >가용성 화합물이 되는 사실로부터 포지티브(positive)형, 광분해가용성 감광제라 칭하고 있다. 파라 퀴논(p – quinone)은 고분자가 되어 용해성을 띠지 않으므로 네가티브 (negative)형이 된다.

오르소 퀴논 유도체와 노볼락 페놀 같은 알칼리 가용형 수지를 혼합해 지지체에 도포하고 광조사(光照射)를 해 주면, 노광부는 알칼리 가용화가

$$(21)$$

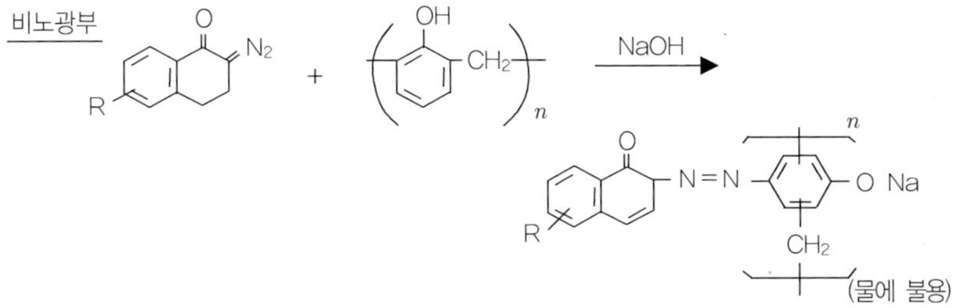

되고, 알칼리 현상에 의해 화상을 얻을 수 있게 된다.

비노광부에서는 오르소 퀴논 디아자이드, 노볼락 페놀 그리고 NaOH에 의해 커플링 반응이 발생, 아조 색소가 생기고, 알칼리 난용성이 된다((21), (22)식).

(21)식에서 쪼개지듯이 노광부에서는 감광제인 퀴논 디아자이드가 $-$COONa로, 노볼락페놀은 $-\phi-$ONa가 되어, 둘 다 수용성이 된다.

또한 비노광부는, (22)식이 되어 아조 염료가 생성되고, 알칼리 난용성이 된다. 결국 (21), (22)식에 의해 포지티브형 감광성수지가 된다.

포지형 감광성수지로서 유효하고, 고기능, 고감광특성을 보이는 수지를 얻기 위해서는 상용성, 용해성, 감광성, 성막(成膜) 특성 등에 큰 영향을 끼치는 알칼리 가용성 폴리머의 선택과 퀴논 디아자이드 유도체에서 R기 선택이 중요하다.

실용화되어 있는 것은, R기가 술폰산 에스테르 혹은 아미드로 된 것이다.

오르소 퀴논 디아자이드 화합물로 이하의 술폰산이 있다.

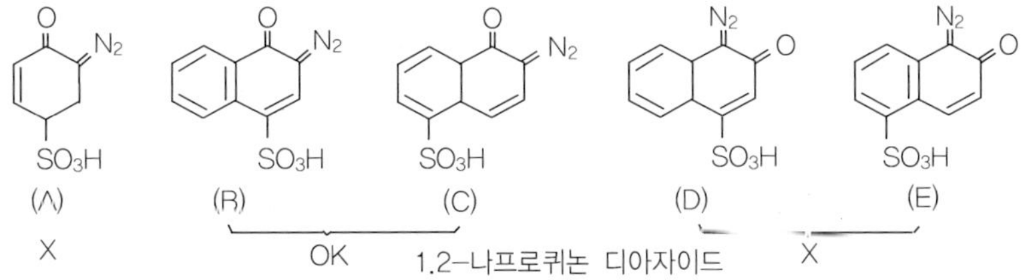

(A)는 불안정하고, D, E는 감도가 낮아 실용성이 없다. B는 고감도이지만 C가 감도와 안정성이 더 좋으므로 C형의 유도체가 오로지 사용되고 있다.

C를 1, 2 - 나프토퀴논 디아자이드 술폰산(1, 2 - naphthoquinone diazide sulfonic acid)라 한다. 실제로는 술폰산 형태 그대로 사용하지 않고 (23)식과 같이 클로로술폰산에서 술폰클로라이드를 만든다. 그리고 이것과 다가(多價) 페놀을 에스테르화한 다가술폰산 에스터 화합물이 감광제로 사용된다.

$$\text{(23)}$$

R'의 종류가 Kalle사, 아조 플레이트(azo plate)사, 그 외 회사의 다수의 특허에 나와 있는데 예를 들면, 노볼락 페놀, 비스페놀(bisphenol), 파라 크레졸(p - cresol) 같은 것이 포지티브형 감광제로 시판되고 있다.

이러한 나프토퀴논 디아자이드 술폰산(naphthoquinone diazido sulfonic acid)의 다가 에스터를 감광제로서, 노볼락 페놀과 같은 알칼리 가용 수지와 조합한 포지티브형 감광성수지는, 포지티브형 인쇄판, 포토에칭 레지스트 재료로 이용되고 있다. 특히 해상성능이 고무감광액보다 뛰어나고, 포지티브형이라는 점 때문에 집적회로, 금속미세가공의 레지스트로 주류를 이루고 있다. 단 형성된 막이 단단하고, 밀착성이 떨어지는 단점과 현상 시 용해도 차이가 적은 점 등이 문제점으로 남아 있다. 하지만 이러한 점들은 감광기의 문제라기보다 병용되는 고분자의 문제라 할 수 있다.

광중합 시스템

제4장

1. 자유 라디칼 시스템

코팅에서 자유 라디칼 광경화는 포드 자동차사의 윌리엄 벌런트 박사가 1950년대 후반에 시작을 하였는데, 이온화 방사선(ionizing radiation)에 관심을 가졌고 그것들이 유기 분자에 어떠한 영향을 가졌는지 흥미를 느끼기 시작하였다. 그는 이온화 방사선(ionizing radiation)이 매우 빠르게 개시를 할 수 있고 높은 에너지의 방사선으로 개시를 한다는 것을 알고 있었다. 초기에는 이러한 노력들이 코팅에 직접적이지는 않았다. 그러나 벌런트 박사는 광경화된 코팅이 어셈블리 라인 응용 분야(assembly line application)에 적용이 될 것이라는 것을 깨달았다. 이러한 공정은 빠른 경화 속도의 이점을 가지고 있었으며, 경화된 필름의 온도는 상승을 하였으며, 휘발 용제는 없었다. 1950년대에는, 자동차코팅의 가교 영향과 용제를 제거하기 위해 온도를 상승시키는 시간이 약 30분 정도 소요되었으며, 환경적인 문제와 에너지 비용이 중요 요소로 부각되었다.

종종 EB(Electron Beam) 장치 등의 신뢰가 어려웠지만, 1960년대에 이러한 문제는 해결이 되었으며, 코팅 시스템은 상업화되기 시작하였다. 포드자동차사는 EB 공정으로 상업화되었지만, 복잡한 형태의 차체 코팅에는 적용되지 못하였다. 그 공정은 자동차에서 플라스틱부분 인테리어 페인팅에 적용이 되었다. 광경화 초기에는, 열악한 장비와 환상적인 생각만을 가지고 있었다. 그러나 광경화에 사용되는 유용한 반응성 물질은 거의 없었다. 성분에 대한 중요한 진보는 1969년에 미란다와 휴머가 비활성(inert) 상태에서 불포화 모노머들의 경화 특성에 대해 서술을 하였다. 이 연구는 아크릴, 폴리에스터, 알릴(allyl) 변성 폴리에스터 물질의 제조에 대한 방법을 묘사하였으며, 이러한 화합물들의 경화 특성을 나타내었다. 이러한 초기 연구는 다른 제품들의 새로운 아이디어를 이끄는 중요한 자료가 되었다. 1969년 연구를 포함해서 고분자 분자들의 광가교의 초기 역사는 찰스비가 시작을 하였는데, 이는 상업적 광경화 산업의 진정한 시작이었다.

많은 초기 연구들은 불포화 폴리에스테르와 스티렌, 에틸 아크릴레이트(ethyl acrylate), 메틸 메타아크릴레이트(methyl methacrylate)와 같은 모노머의 브랜드를 기본 시스템으로 사용하였다. 이러한 연구의 결과는 스티렌과 혼합된 폴리에스테르 혼합물은 가장 효과적인 경화 결합이라 제안하였다. 자유 라디칼의 두 가지의 다른 유형은 중요하다.

ㅡ 폴리엔(polyene)/싸이올(thiol) 시스템과 아크릴레이트(acrylate) 시스템이다. 후자의 경우는 오늘날 사용되는 자유 라디칼 광경화 시스템에서 가장 중요하다.

2. 불포화 폴리에스터 / 스티렌 시스템

불포화 폴리에스터는 약 125년에 걸쳐 알려져 왔다. 그러나 20세기 초에 모든 폴리에스터는 알키드(alkyd)의 일반적인 분류 안에 속해 있었으며, 불포화 폴리에스터의 경화 또는 건조 성질에 대해 명백하게 분류를 하는 노력은 1930년대 말까지 변하지 않았다. 이러한 연구들은 불포화 폴리에스터가 산소, 열, 방사(radiation)에 따라 가교되는 구조로 전환을 할 수 있다고 지적을 해 왔다. 일반적으로 불포화 폴리에스터는 이염기산 또는 그것들과 연관이 된 산무수물(anhydride)과 글리콜, 디하이드릭 알코올(dihydric alcohol), 폴리올(polyol)의 축합반응에 의해 선형이면서 용해가능한 제품을 얻게 된다. 불포화(Unsaturation)는 폴리에스터 안에 도입이 되며, 일반적으로 도입이 되는 산은 푸마릭산(fumaric acid), 말레익 산(maleic acid), 무수 말레인산(maleic anhydride) 등으로 폴리에스터를 제조하게 된다.

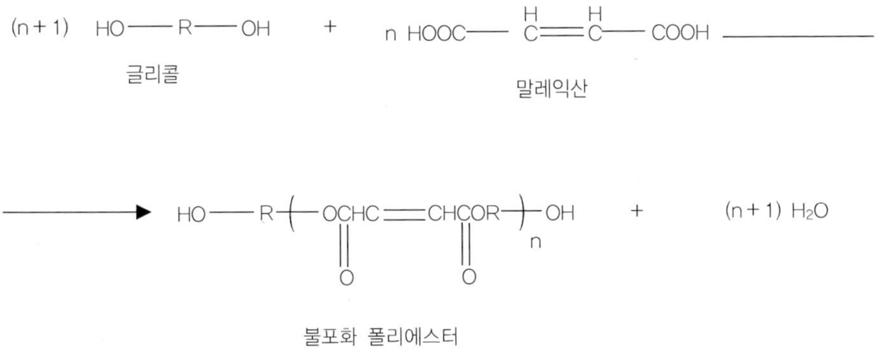

그림 4.1 불포화 폴리에스터의 예

실제로 무수말레인산은 폴리에스터 형성을 하는 데 매우 유용하게 사용이 되곤 한다. 폴리에스터에서 포화산 또는 산무수물의 사용은 최종 경화된 코팅의 특성을 변경하고 조절할 수 있는 능력을 제공하게 된다. 단관능 카르복실산의 사용은 분자 사슬 종결제(stopper)로서의 기능을 가지는데, 분자량을 조절하는 의미로 제공이 된다.

비록 불포화 폴리에스터르가 스티렌과 같은 희석제의 부가 없이 분자 내의 반응성 이중결합의 반응을 통한 광조사에 의해 단독으로 경화를 할 수 있음에도 불구하고, 그것들이 수반하는 높은 분자량과 높은 점도는 저분자량의 반응성 희석제의 사용을 필요로 하며 폴리에스터와 반응을 할 것이며 최종 코팅의 없어서는 안 될 부분이 된다. 스티렌은 이리한 목적을 위한 최상의 반응성 희석제라 할 수 있다. 스티렌은 경화 시스템에서 액체 또는 페이스트 상태를 형성하기 위해 불포화 폴리에스터와 섞이게 된다. 광개시제는 만약 UV 광조사로 경화를 한다면 필요하게 된다. 스티렌은 아래 그림과 같이 가교제의 역할로서 작용을 하게 된다. 매트릭스에서 가교점으로서 작용을 하는 스티렌은 하나 또는 그 이상이 중합이 된다. 최종 중합이 된 것은 몇몇 단일중합된(homopolymerized) 스티렌뿐만 아니라 몇몇 폴리에스터 분자 안에 불포화된 분자 상호간의 반응(intermolecular reaction)에 의해 형성이 된 가교를 포함하게 된다.

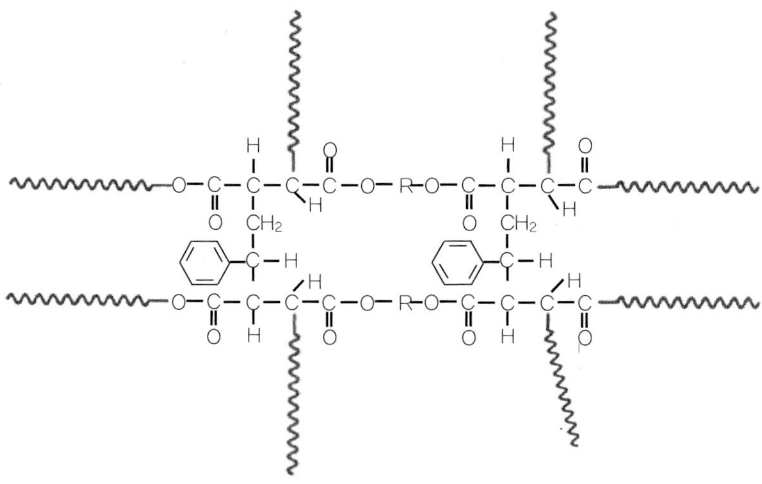

그림 4.2 스티렌으로 가교된 불포화 폴리 에스터

이러한 불포화 폴리에스터 / 스티렌 혼합물은 가장 초기에 광경화 시스템에서 상업적으로 도달이 되었다. 1984년 초에 그것들은 목재 산업에 이용이 되었다. 그 이유는 상온에서 경화를 할 수 있으며, 환경문제와 반응 물질의 감소 둘 다 원인이 되는 휘발성이 감소가 되기 때문이다. 미반응 스티렌은 남아 있는 냄새를 제거해야 한다.

이러한 시스템은 맥클로스키(McCloskey)와 본드(Bond)가 UV 조사로 그것들의 경화를 보고하게 된 1955년까지 광경화 분야에서 사용이 되지는 않았다. 그들은 불포화 폴리에스터가 만약 광개시제를 부가하여 자유 라디칼을 분해하는 화합물이 있다면 이러한 광조사로 중합이 일어날 것이라고 설명을 하였다. 만약 광개시제를 부가하지 않는다면, 같은 조사 시간에서도 반응이 일어나지 않았다. 그들의 작업은 과산화물 개시제를 사용하였을 때 경화 속도가 같은 시스템의 열경화 방식에 의해 얻는 것보다 훨씬 빠르다는 것을 보여주었다.

윅스(Wicks)는 표면 경화가 대기 중의 산소에 의해 금지효과를 나타낸다고 지적을 했으며 끈적한 표면을 나타낸다고 하였다. 불활성 기체는 좀 더 완벽하게 경화를 하는 데 매우 중요하다고 하였다. 다른 연구에서 보이는 것은, 스티렌의 부가는 경화하는 동안 휘발이 되며, 미반응 스티렌은 경화 시스템에 약간 존재하게 된다. 왁스가 배합에서 포함이 되었을 때, 휘발성은 감소를 하게 되고 왁스는 표면에서 경화의 산소 금지 효과를 감소시킨다. 왁스에 관해서는 다방면으로 연구가 되었으며, 최상은 탄화수소 파라핀 왁스이다.

3. 폴리엔 / 싸이올 시스템

1960년대 후반과 1970년대 초반 그레이스(Grace)사의 연구자들은 폴리엔-폴리싸이올(Polyene-Polythiol) 조성이라는 새로운 광경화 시스템을 연구하였다. 이러한 UV와 EB 경화 조성은 특정 폴리엔, 폴리싸이올, 광개시제로 구성이 되어 있다.

폴리엔을 만들기 위한 다양한 방법은 2개 또는 그 이상의 수산기 관능기를 가진 폴리에테르(polyether), 폴리에스터 또는 폴리락톤 폴리올과 알릴 이소시아네이트(allyl isocyanate)를 반응하여 얻게 된다.

$$CH_2=CHCH_2-N=C=O \quad + \quad HO-R-OH \longrightarrow$$

알릴 이소시아네이트   글리콜

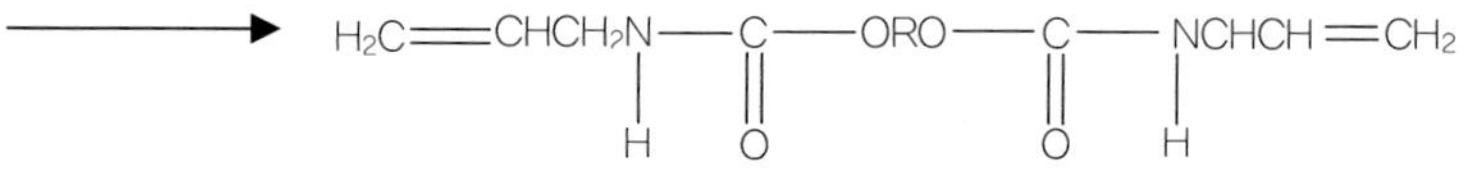

$$\longrightarrow H_2C=CHCH_2N-\overset{O}{\underset{H}{C}}-ORO-\overset{O}{\underset{H}{C}}-NCHCH=CH_2$$

이관능 폴리엔

만약 삼관능 폴리올을 사용하였다면, 삼관능 폴리엔이 생성이 될 것이다. 만약 사관능 폴리올을 사용하였다면, 사관능 폴리엔이 생성될 것이다. 이러한 성분의 최종 분자량은 약 200에서 10,000 정도의 범위에 존재한다. 주석계의 우레탄 반응 촉매는 수산기와 이소시아네이트 그룹 사이의 반응속도를 향상시키게 된다.

폴리싸이올의 일반적인 형태이다. R은 반응성 탄소 - 탄소 불포화를 가지고 있지 않고 n은 2 또는 그 이상이다.

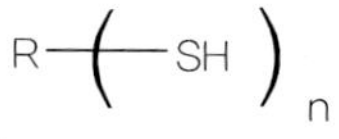

$$R\left(-SH\right)_n$$

폴리싸이올은 폴리올과 싸이올을 함유한 산의 반응에 의해서 머캡테이트 에스터(mercaptate ester)를 형성한다. 예를 들어, 에틸렌글리콜 비스 싸이오글리콜레이트[ethylene glycol bis(thioglycolate)], 트리메틸올 프로판 트리스(머캡토프로피오네이트)[trimethylolpropane tris(β - mercaptopropionate)], 펜타에리쓰리톨 테트라키스(싸이오글리콜레이트)[pentaerythritol tetrakis(thioglyco-late)], 펜타에리쓰리톨 테트라키스(머캡토프로피오네이트)[pentaerythritol tetrakis(mercaptopropionate)] 등이 있다.

펜타에리쓰리톨 테트라키스(머캡토프로피오네이트)

폴리싸이올은 냄새 문제를 최소화하기 위해 높은 분자량을 가지고 있는 것을 선호한다. 위에 보이는 펜타에리쓰리톨(pentaerythritol) 유도체의 분자량은 488이다. 최종 코팅에서 반응은 냄새 문제를 감소하였으나, 황(sulfurous) 냄새 전부를 제거하지는 못했다.

적당한 광개시제는 벤조페논(benzophenone), 벤잔쓰론(benzanthrone), 아세토페논(acetophenone), 싸이옥싼톤(thioxanthanone)과 같은 화합물이다. 벤조페논과 같은 화합물의 개시는 보통 수소전이 방법으로 실행이 되며, 알파−탄소원자에 아민을 대신해서 머캡테이트 에스터(mercaptate ester)로 대체가 되며 싸이일(thiyl) 라디칼이 형성이 된다.

들뜬 상태의 벤조페논   머캡테이트

싸이일 자유라디칼

싸이일(Thiyl) 라디칼은 폴리엔 불포화(polyene unsaturation)의 개시 중합을 할 능력을 가지고 있다. 트리페닐 포스핀(Triphenyl phosphine)과 같은 화합물은 반응속도를 증가시키고 기계적 물성을 개선한다. 4관능 머캡테이트 에스터는 위에 간단히 나타냈고 2관능 폴리엔은 다음과 같다.

$$H_2C = \overset{H}{C} \sim\sim\sim \overset{H}{C} = CH_2$$

두 화합물들의 반응 생성물은 아래 그림과 같이 높은 가교 밀도를 나타낸다.

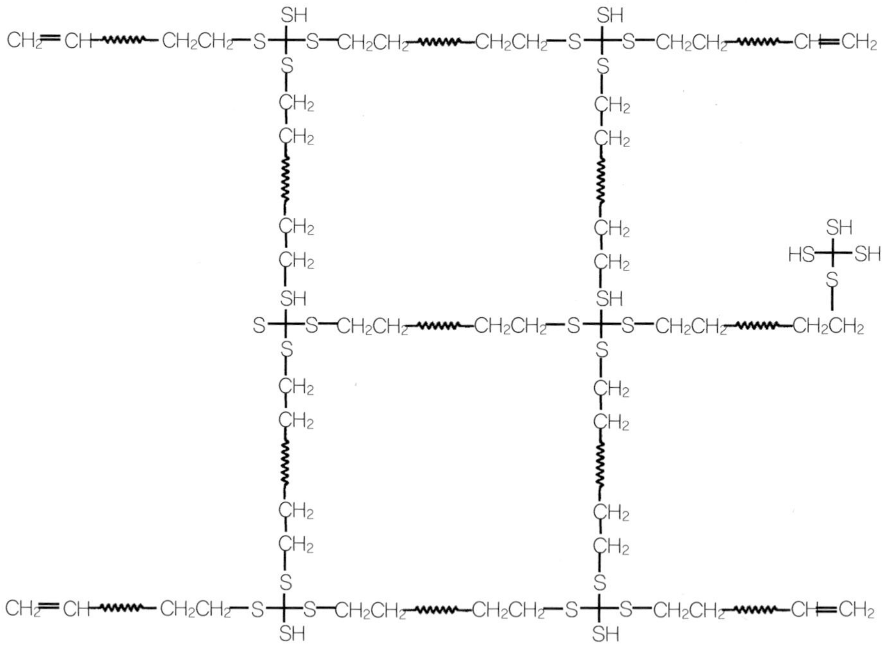

그림 4.3 가교된 폴리엔 / 싸이올 고분자

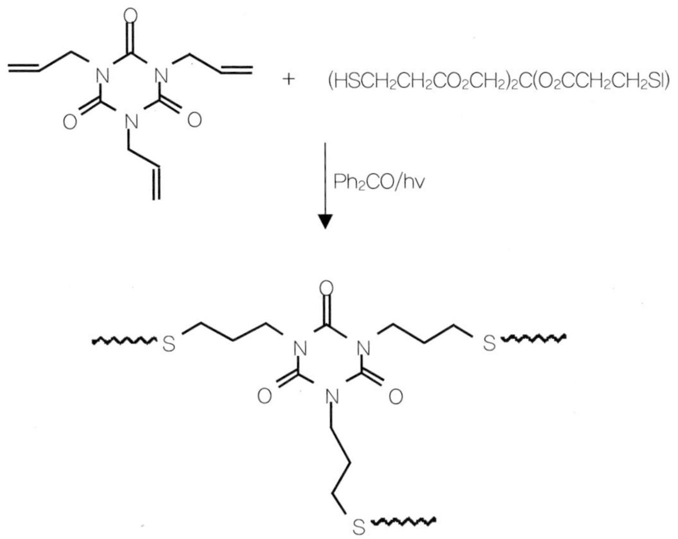

그림 4.4 싸이올-엔 가교반응의 예

알켄의 반응성은 다음과 같다.

비닐에테르(Vinyl ether) > 프로페닐 에테르(propenyl ether) > 알릴 에테르(allyl ether) > 치환되지 않은 알켄 > 아크릴레이트 > 스티렌이다.

물론 최종 구조는 폴리엔 분자 안에 분자 유연성과 분자량 차이 때문에 규정되어 있지는 않다. 예를 들어 가교는 머캡테이트 에스터를 사용하여 높은 관능 수 때문에 달성이 된다. 만약 2관능 화합물을 사용하였다면, 부틸 머캡탄(n − butyl mercaptan) 또는 도데실 머캡탄(n − dodecyl mercaptan)과 같은 모노머의 부가에 의해 분자량을 조절할 수 있다. 이러한 화합물들은 황 수소(sulfur hydrogen) 결합의 약함 때문에 높은 사슬 전이 상수(constant)를 가지고 있으며, 그것들은 낮은 농도에서 사용이 되고 있다.

경화된 조성물은 스크린 프린팅 잉크, 탄성체 실란트(elastomeric sealants), 전자 부품봉지제(electronic component encapsulants), 그리고 고광택 OPV와 같은 장식적이고 기능적인 코팅 사용에 제안이 되고 있다.

부가된 아크릴레이트에 의한 배합에서 싸이올(thiol)의 양을 감소시킨 효과는 연구가 되고 있다. 광경화 코팅 시스템을 형성하기 위해 실리콘 변성 불포화 폴리에스터와 폴리엔-싸이올 시스템의 배합은 폴리카보네이트에 좋은 접착을 가지고 있다.

4. 아크릴레이트 시스템

아크릴레이트는 자유 라디칼 광경화 분야의 기본 물질이다. 이러한 불포화 화합물들은 자유 라디칼을 생성하는 광개시제로 개시를 하게 된다. 다양한 광개시제들의 경화 효율은 연구가 되고 있다. 다음의 그림은 일반적인 아크릴레이트 구조를 나타내었다.

$$\begin{array}{c} R \\ | \\ H_2C{=}C \\ | \\ O{=}C{-}O{-}R \end{array}$$

R은 아크릴레이트의 수소와 메타아크릴레이트의 메틸을 나타낸다. 아크릴레이트의 중합은 메타아크릴레이트보다 좀 더 빠르게 진행이 된다. 종종 아크릴레이트는 아크릴레이트와 메타아크릴레이트 둘 다 나타낸다. 아크릴레이트와 공중합할 수 있는 불포화 화합물들은 비닐 에테르(vinyl ether)와 비닐 피로리돈(N-vinylpyrrolidone)이다.

단관능 아크릴레이트들은 점도를 감소시키기 위해 사용이 된다. 만약 단관능 아크릴레이트가 단독으로 사용이 되었다면, 최종 코팅 성질은 열악하게 된다. 2관능과 좀 더 높은 관능기를 가진 아크릴레이트들은 빠른 분자량 설계와 가교를 제공, 기계적 물성, 내용제성, 내오염성을 개선하려는 목적으로 사용이 된다.

올리고머는 주로 세 가지 주요 유형이 있는데, 에폭시 아크릴레이트, 우레탄 아크릴레이트, 그리고 폴리에스터 아크릴레이트가 있다. 일반적으로, 에폭시 아크릴레이트와 우레탄 아크릴레이트는 2관능이다. 이러한 올리고머는 일반적으로 점도가 높고 사용이 용이하도록 단관능이나 이관능 아크릴레이트에 희석이 되어 팔리고 있다. 우레탄 아크릴레이트는 기본적인 두 가지 유형이 있는데 지방족과 방향족 이소시아네이트의 사용으로 제조할 수 있다. 이러한 유형은 폴리올의 성질에 의존하여 사용이 되고 있다. 올리고머는 뒤에서 다시 설명하기로 한다.

앞서 논의한 것처럼, 광중합은 중합에서 포함되는 같은 단계를 포함한다. 최초 개시(initiation), 분자 사슬이 성장하는 성장(propagation), 분자 사슬이 성장을 멈추는 종결(termination)이 있다. 광개시제와 아크릴레이트가 배합이 된 시스템에서 조사가 일어날 때 많은 자유 라디칼이 거의 동시에 형성이 된다. 그러므로 많은 활성 점(site)은 동시에 형성이 되고, 성장은 매우 빠르게 일어난다.

자유 라디칼 또는 양이온 개시 둘 다 중합은 매우 빠르게 실행된다. 그러나 자유 라디칼은 수명이 짧아 중합기간도 매우 짧다. 만약 모노머 또는 올리고머가 이런 짧은 기간 동안 중합을 일으키지 못한다면, 그것들은 최종 매트릭스에서 변하지 않고 남아 있을 것이다. 양이온은 수명이 길어 강하고 질긴 코팅에 적합하다. 최종 단계인 종결반응은 성장하는 종과 개시 자유 라디칼의 혼합, 개시된 종과 성장하는 종의 혼합, 성장하는 종과 또 다른 성장하는 종의 혼합에 의해 실행할 수 있다. 이러한 메커니즘의 단계는 그림 4.6에 요약을 하였다. 다관능 아크릴레이트를 중합할 때도 같은 반응을 하게 된다. 주된 차이점은 가교 네트워크가 훨씬 높게 나타날 것이다.

아크릴레이트는 피부와 눈에 자극적이며, 매우 독성이 있고 사람에게 매우 민감하게 작용을 한다. 비록 분자량을 증가시켜 이러한 요소를 감소하여 만들었다고 함에도 불구하고 단관능뿐만 아니라 다관능 이그릴레이트도 조심하여야 한다.

개시

$$(CH_3)_2-N-CHCH_2OH + CH_2=CH \rightarrow (CH_3)_2-N-\overset{H}{\underset{CH_2OH}{C}}-CH_2-\overset{H}{\underset{COOR}{C}}$$
$$\underset{COOR}{}$$

자유 라디칼 종, FR   아크릴레이트 모노머   Ⅱ. 개시된 종

성장

$$Ⅱ + \times CH_2=CH \rightarrow (CH_3)_2-N-\overset{H}{\underset{CH_2OH}{C}}-(CH_2-\overset{H}{\underset{COOR}{C}})_x-CH_2-\overset{H}{\underset{COOR}{C}}$$

모노머   Ⅲ. 성장 종

종결

성장종의 Ⅲ·과 개시자유라디칼, FR·의 결합

$$FP\cdot + Ⅲ\cdot \rightarrow FR-Ⅲ$$

개시종 Ⅱ·와 성장종 Ⅲ·의 결합

$$Ⅲ\cdot + Ⅱ\cdot \rightarrow Ⅲ-Ⅱ$$

한 성장종 Ⅲ·과 다른 성장종 Ⅲ·의 결합

$$Ⅲ\cdot + Ⅲ'\cdot \rightarrow Ⅲ-Ⅲ'$$

그림 4.5 아크릴레이트의 자유 라디칼 중합의 세단계 반응 예

5. 양이온 광중합 시스템(Cationic Initiated Polymerization Systems)

오니움 염(Onium salt) 광개시제를 포함하는 광경화 시스템은 다양한 유형의 아크릴레이트를 포함하는 자유 라디칼 시스템에 비해 몇 가지 이점을 가지고 있다. 양이온 시스템의 첫 번째로 중요한 이점은 광중합반응을 하는 동안 2~5%의 낮은 수축률 때문에 접착력을 개선하게 된다. 게다가 이러한 시스템은 낮은 점도를 가지는 액체형이고 쉽게 섞이기 때문에 다루기가 매우 용이하다. 결과적으로, 배합하는 성분을 함유하기 위해 간단히 저어

주면 된다는 말이다. 몇몇 폴리올들은 낮은 녹는점을 가지는 고체상으로 배합 성분에 사용할 수 있으며 녹인 후에는 낮은 점도를 가지게 된다. 폴리카프로락톤과 폴리테트라메틸렌 옥사이드 폴리올[poly(tetramethylene oxide) polyol]의 몇 종류가 이 분류에 속한다. 이러한 성분은 피부나 눈에 낮은 자극을 가진다. 에폭사이드를 기본으로 하는 배합에서는 경화하는 동안 불활성 기체를 필요로 하지 않는데 그것들은 산소 금지 효과가 없기 때문이다. 양이온과 자유 라디칼 시스템의 비교는 표 4.1에 나타내었다.

표 4.1 양이온과 자유 라디칼 광중합에서 주요 특성 비교

항 목	광개시 형태	
	자유 라디칼	양이온
이중 경화 가능 여부	불가능	가능
제품 저장 안정성	적당	양호
취급용이성	취급 어려움(고점도 등)	용이함
습도 영향	없음	습도가 높으면 반응이 느릴 수 있음
활성 종의 수명	짧다	길다
산소영향	있다	없다
광개시제 형상	고체 또는 액체	고체 또는 액체
반응이 광조사 후 계속되는가?	반응이 안 됨	반응이 됨
열이 경화 속도에 영향을 주는가?	향상시킨다	경화 속도가 매우 빨라짐
가열 시 후경화 효과	접착을 증진 시킬 수도 있음	암반응(dark reaction)을 촉진시킴
광중합 시 체적 수축 정도	높다	낮다

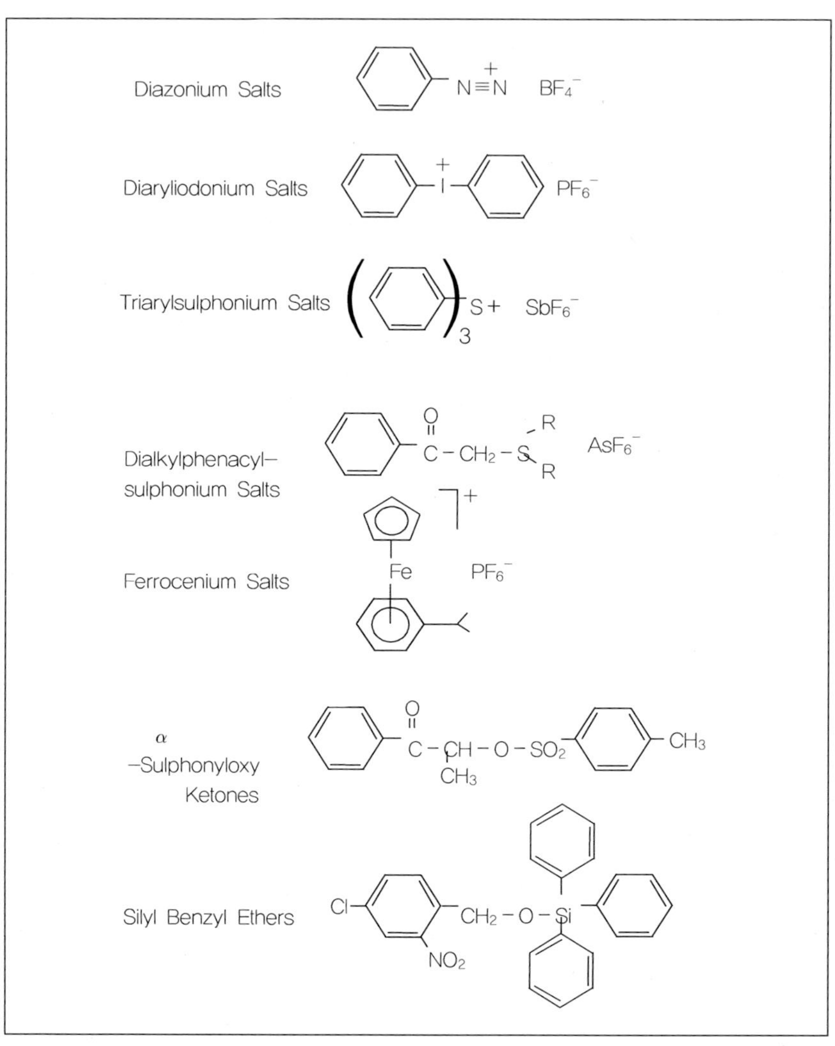

그림 4.6 양이온 중합성 모노머

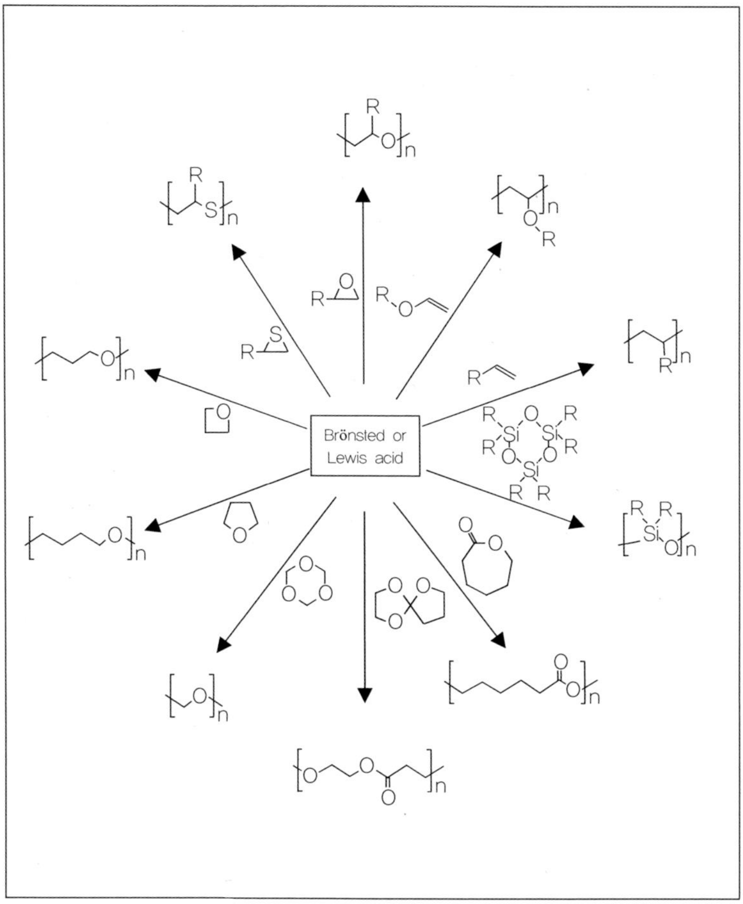

그림 4.7   양이온 중합성 모노머

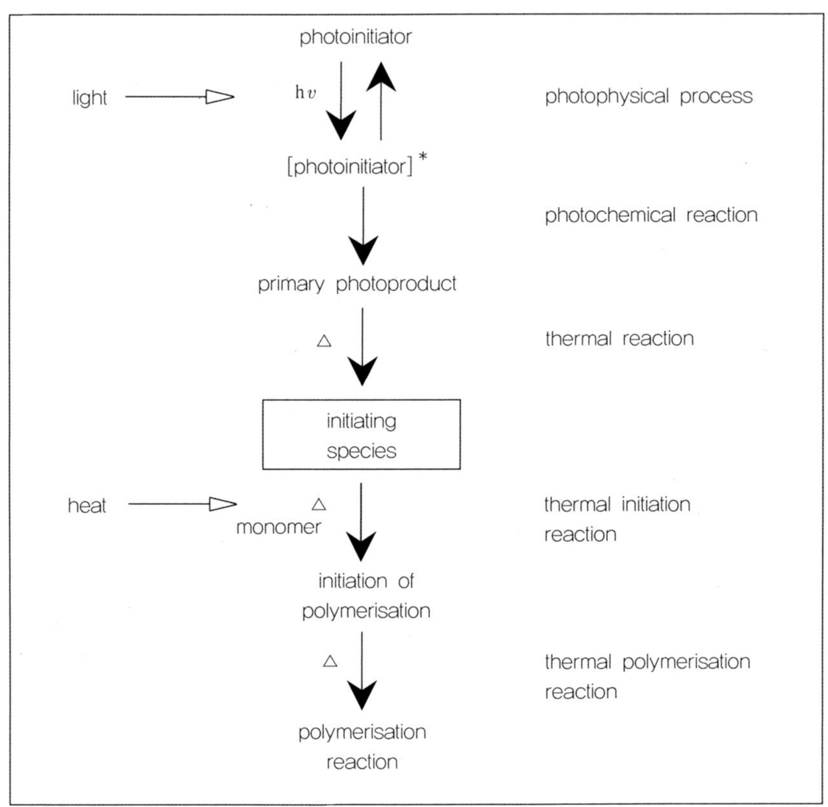

그림 4.8 양이온 광중합 공정

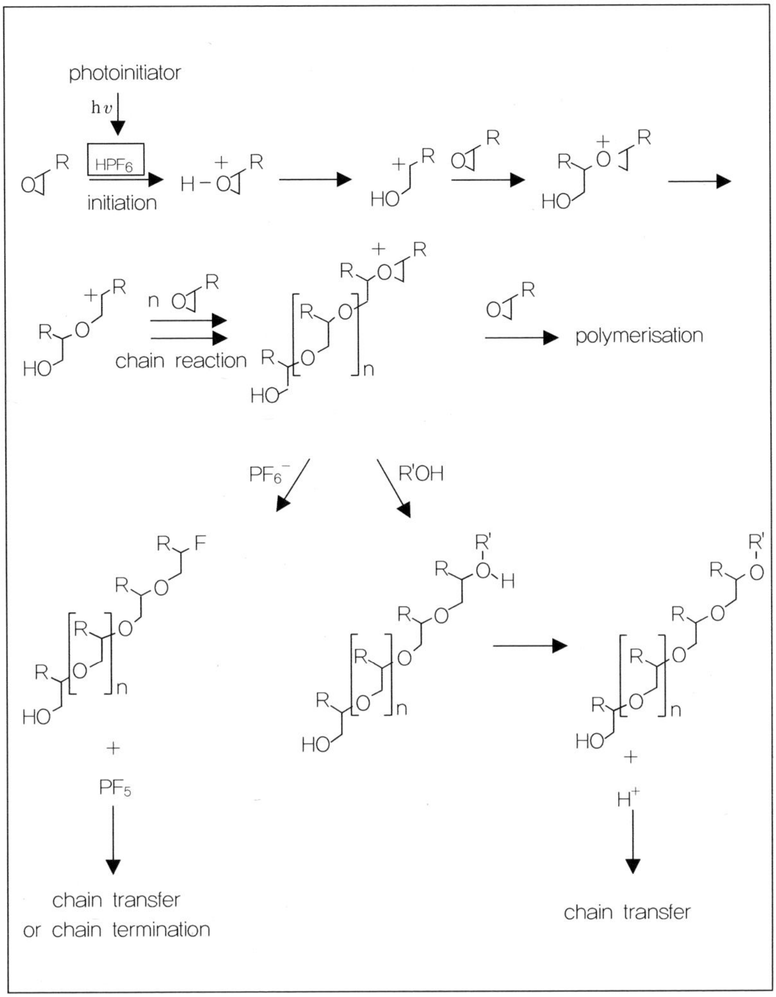

그림 4.9 산촉매화 에폭시 중합

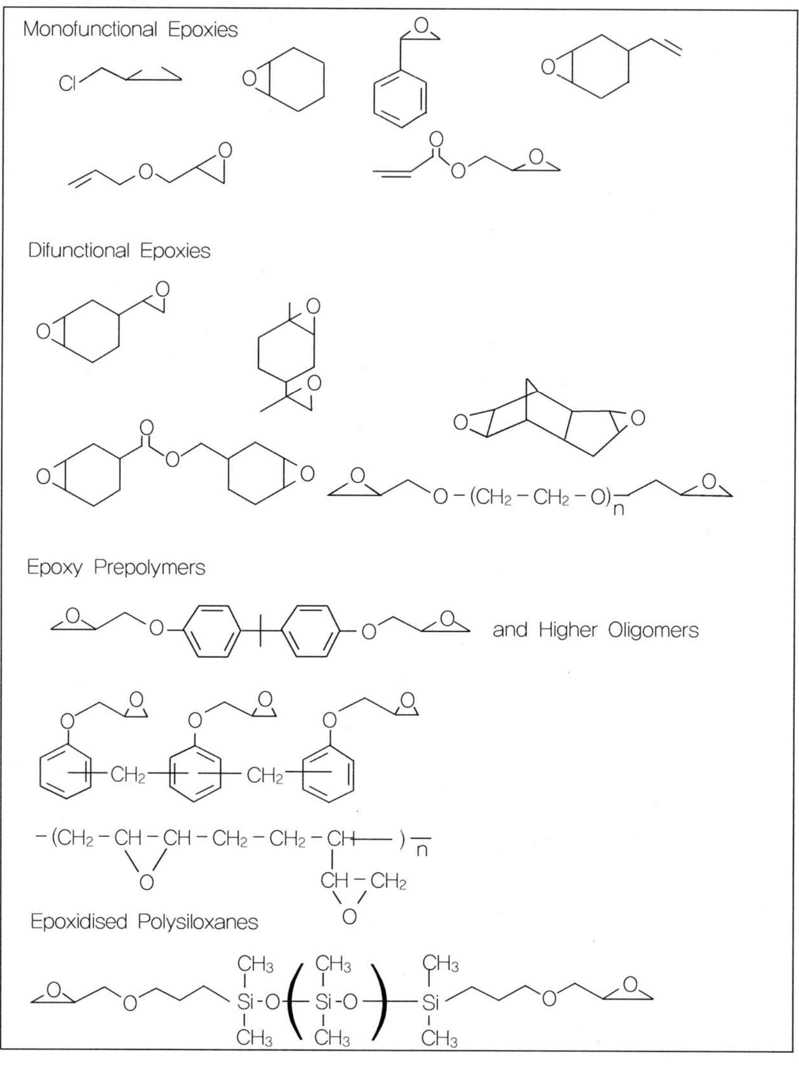

그림 4.10 광중합 에폭시 수지

양이온 광중합반응은 다음과 같은 주요 장점이 있다.

a) 아크릴레이트에 비해 경화 시 낮은 수축률

b) 낮은 수축률로 나타나는 우수한 기판 접착력

c) 높은 내화학성 및 내용제성

d) 우수한 내충격성 및 유연성

e) 높은 광택

f) 실질적인 열적 후경화

g) 낮은 독성과 자극 그리고 안정화된 위험성

싸이클로알리파틱 에폭사이드(Cycloaliphatic epoxides)를 기본으로 하는 화합물들은 양이온 개시를 통한 광경화에 이용이 되며 코팅 배합에 사용이 된다. 주로 에폭사이드 화합물은 디에폭사이드 3, 4 - 에폭시싸이클로헥실 - 3, 4 - 에폭시싸이클로헥산카르복실레이트(diepoxide 3, 4 - epoxycyclohexylmethyl - 3, 4 - epoxycyclohexanecarboxylate)를 사용한다.

3,4-Epoxycyclohexylmethyl-3',4'-epoxycyclohexanecarboxylate

피부에 대한 1차 자극지수 드레이즈 값(primary irritation index draize value)은 1.35(0～8스케일)이고, 눈에 대해서는 7.5(0～110스케일)이다. 일반적으로 이 화합물은 25도에서 점도가 350～450cps이며, CYRACURE^{TM}UVR - 6105는 220～250cps이고, 눈에 대한 draize value는 1.6, 눈에 대해서는 8.0이고, Uvacure^{TM}1500, 1501, 1502는 점도가 각각 275, 280, 80cps이다. 몇 가지 알리파틱(aliphatic)과 싸이클로알리파틱 에폭사이드(cycloaliphatic epoxides)는 양이온 경화 시스템용 반응 희석제를 포함하게 되는데, 이러한 것에는 1, 2 - 에폭시헥사데칸[1, 2 - epoxyhexadecane(25도 점도, 15cps)], 싸이클로알리파틱 에폭사이드(cycloaliphatic epoxide)의 혼합물(25도 점도, 85～115cps), 리모넨 다이옥사이드(limonene dioxide), 1, 4 - 부탄디올 디글리세딜 에테르(1, 4 - butanediol diglycidylether), 1, 6 - 헥산디올 디글리시딜에테르(1, 6 - hexanediol diglycidylether)가 있다.

일반적인 배합은 싸이클로알리파틱 에폭사이드(cycloaliphatic epoxide) 또는 비스페놀 A 디글리시딜 에테르(Bisphenol A diglycidyl ether) 중의 하나가

10∼30%의 농도를 차지하고, 광개시제 3%, 표면활성제 0.5%가 포함되어 있다. 좀 더 낮은 점도를 가지는 희석제/유연제는 점도를 현저히 감소시키고, 경화 시스템에서 기계적 물성을 향상시킨다.

옥세탄(Oxetane) 또는 트리메틸렌 옥사이드(trimethylene oxide) 유도체들은 양이온 시스템용 반응 희석제로서 새로운 화합물들이다.

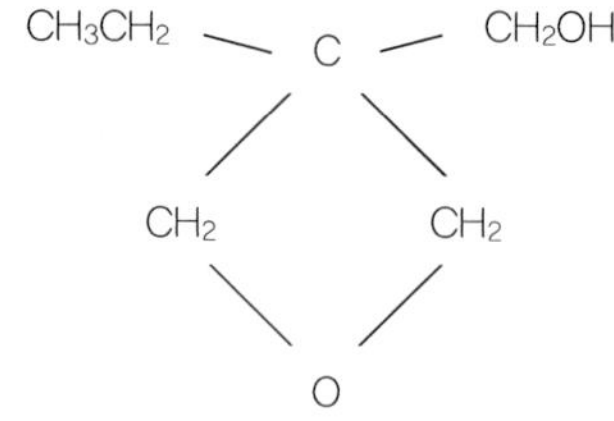

트리메틸렌 옥사이드

옥세탄(Oxetane) 그 자체는 낮은 점도를 가지며, 50도의 낮은 끓는점을 갖는 액체이다. 그러나 옥세탄의 유도체들은 좀 더 높은 끓는점을 가지며, 낮은 점도는 유지가 되고 일반적으로 양이온 광개시제의 존재에서 조사가 이루어졌을 때 중합을 하게 된다. 옥세탄은 싸이클로알리파틱 에폭사이드와 비교해서 중합이 개시되는 유도 기간(induction period)이 상대적으로 길다. 그러나 만약 전자 도네이팅 그룹(electron－donating group)이 옥세탄 고리 (oxetane ring)의 두 번째 위치에 놓이게 되면 양이온의 반응성은 커지게 된다. 3－에틸－3－하이드록시－메틸－옥세탄(3－ethyl－3－hydroxyl－methyl －oxetane)은 25도에서 22cps를 가지며 상업화되어 있다.

3－에틸－3－하이드록시－메틸－옥세탄

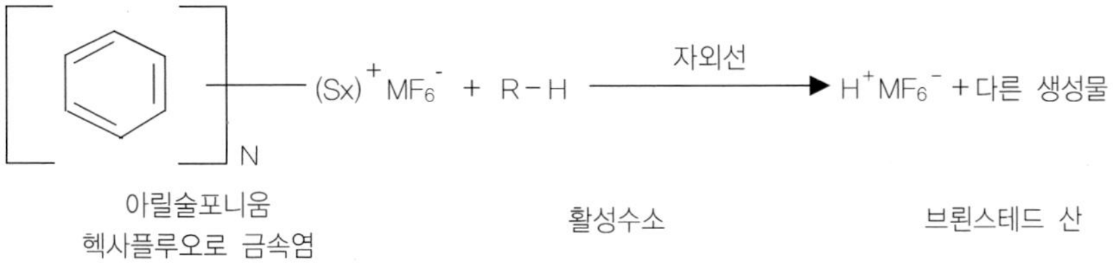

양이온 광개시제인 오니움 염(onium salt)은 protonic acid를 형성하기 위해 UV 광조사의 영향하에 활성 수소 source와 반응을 하게 된다.

Protonic acid는 에폭사이드의 중합을 개시할 수 있는 능력을 가지고 있으며, 특히 싸이클로알리파틱 에폭사이드(cycloaliphatic epoxide)이다.

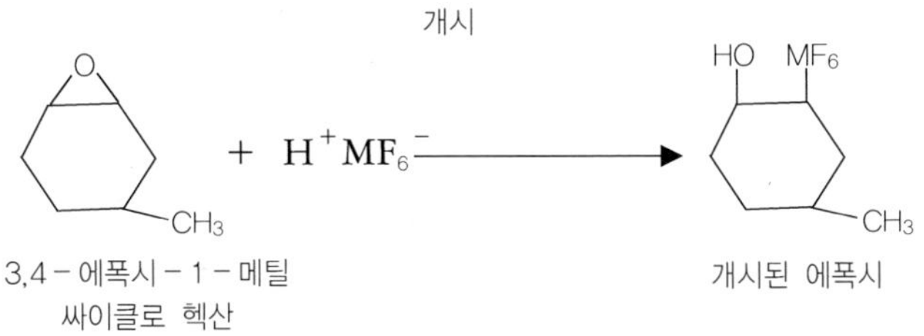

형성된 수산기 그룹(hydroxyl group)은 매우 반응성이 좋고, 에폭사이드를 개시하며, 중합이 된 생성물을 형성하기 위해 다른 에폭사이드 분자들과 반응을 하게 된다.

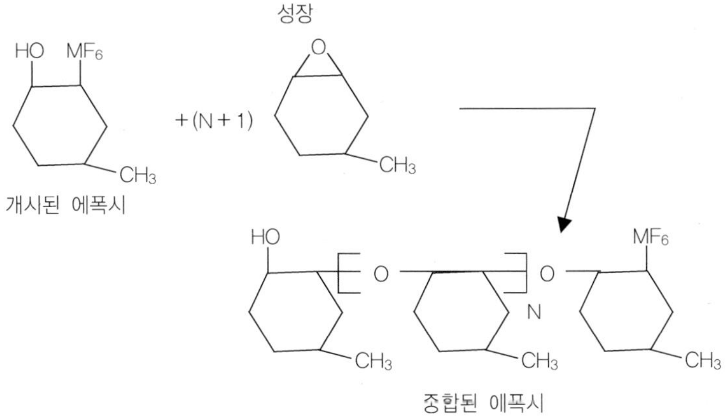

종결반응은 모노머가 매우 낮은 상태 또는 고갈이 되었을 때 이루어지는데, 그 시스템은 몇 가지 방법 또는 사슬 이동으로 이루어진다. 중합이 이루어진 에폭사이드는 living polymer로서 작용을 하며, 공급되는 에폭사이드가 고갈이 된 후에 그것을 활동을 하게 된다. 그러나 에폭사이드 고분자는 산성을 띠게 된다. 분자 상호간 사슬 이동(Interactive chain transfer)은 반응 종결을 의미하고, 에폭사이드와 함께 폴리올 또는 다른 활성 수소를 함유한 화합물들이 공중합하게 된다. 이러한 과정이 올리고머 상태의 수산기를 함유하는(oligomeric hydroxyl - containing) 화합물과 같이 발생이 되며, 그것은 중합된 것에 대한 유연성을 부여한다는 의미가 된다.

폴리올(Polyols)

수산기 그룹에서 사슬 이동은, deprotonate이고, 자유스러운 proton은 성장하는 분자 사슬에 연관된 음이온 종과 반응을 하게 된다. Protonic acid의 재생 결과 그것은 아래에 묘사한 것과 같이 또 다른 분자 사슬의 중합을 개시할 수 있다.

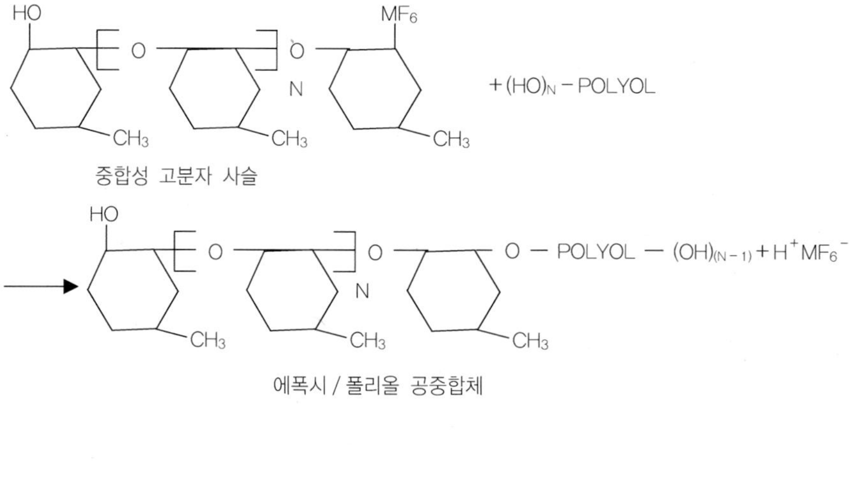

이 연속 반응에서 N의 값은 1이며, 알코올 또는 다른 단일 수산기를 함유하는 화합물(monohydroxyl - containing compound)을 사용하였을 때는 6

또는 8, 그 이상이 된다. 에폭사이드 / 폴리올을 형성한 후에, 그것은 다른 성장하는 에폭사이드 사슬 또는 반응되는 에폭사이드 모노머와 반응을 할 수 있다. 그러므로 폴리올이 충분한 분자량을 가졌을 때, 그것은 폴리우레탄에서 소프트 세그먼트(soft segment), 유연화 세그먼트(flexibilizing segment)로서 작용을 한다. 그러므로 신율, 유연성, 강도는 증가하지만, 인장강도는 감소한다. 디에폭사이드(Diepoxide)의 성장하는 사슬은 다음과 같다.

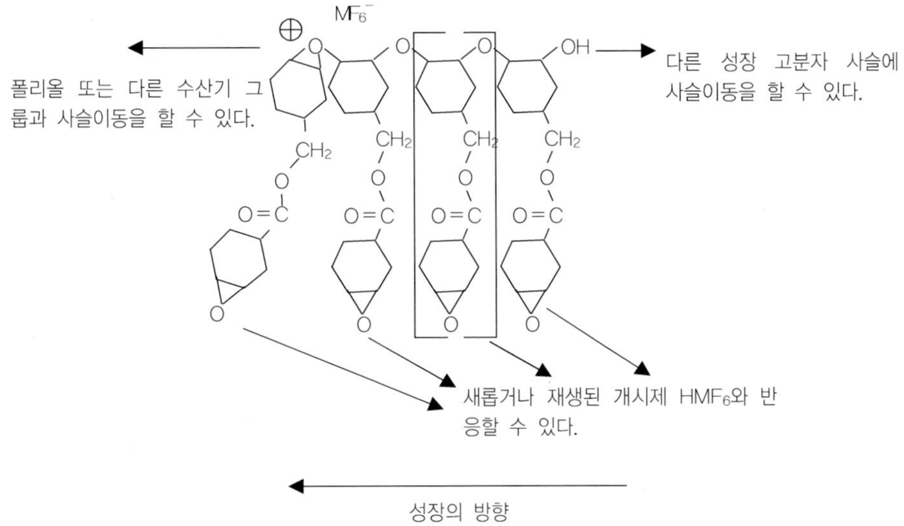

이러한 고분자에서 남아 있는 에폭사이드 그룹은 분자량 증가를 위해 새로운 또는 재생된 개시제 분자들과 반응을 할 수 있고 가지(branch)와 새로운 수산기 그룹을 형성한다. 그것은 적당한 수산기 그룹과 에폭사이드 그룹이 반응을 할 수 있는 것이 가능하다. 만약 고분자 분자가 시스템 안에 존재한다면, 폴리올의 수산기 그룹은 성장하는 종의 내부 작용 사슬 전이로 실행할 것이다. 결과적으로, 공중합화된 폴리올은 유연성 또는 강도를 얻을 것이며, 폴리올과 에폭사이드 고분자 사이의 상용성에 의존한다. 물론, 성장하는 에폭사이드 사슬에서 형성된 수산기 그룹은 성장하는 에폭사이드 종이 내부 자용 사슬 전이로 실행이 된다.

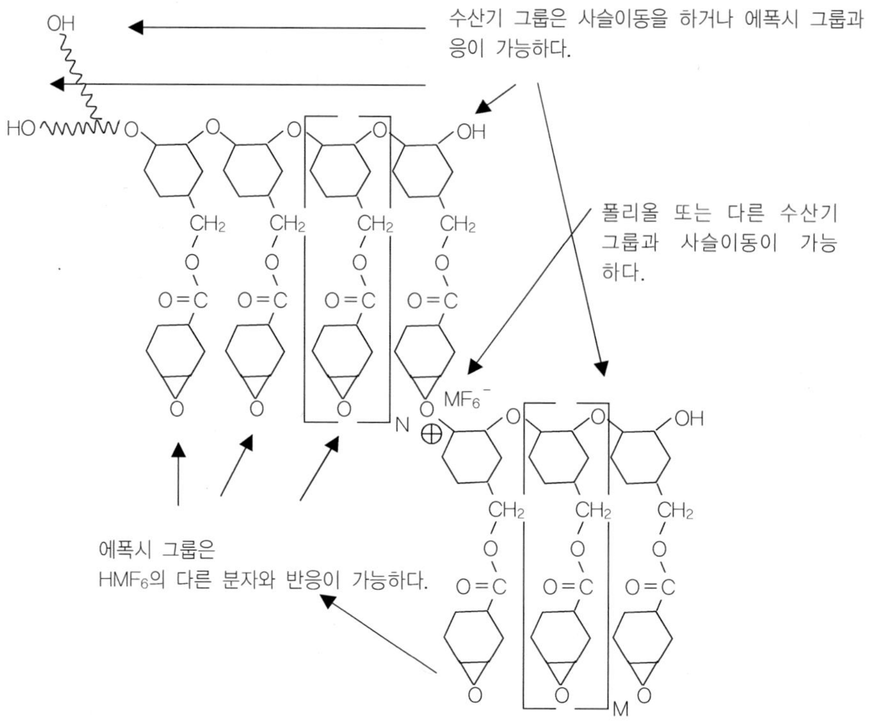

중합으로부터 결과된 고분자는 중합과정에서 초기에 복잡하고 반응물이 고갈될 때까지 복잡성은 지속된다.

광경화에서 폴리올의 사용은 싸이클로알리파틱 에폭사이드를 기반으로 한 배합이 코팅 제조에서 증가하고 있고 비용은 감소가 될 것이라는 것이 명백하다. 폴리프로필렌 옥사이드(Polypropylene oxide), 폴리 테트라메틸렌 옥사이드 폴리올[poly(tetramethylene oxide) polyol]은 디올(diol), 트리올(triol), 좀 더 높은 수산기 관능기로 상업적으로 유용하게 사용이 되고 있다.

■ 수분, 습도 그리고 온도 효과

수분은 시스템에서 반응을 할 것이다. 그것은 양이온 경화 시스템에서 공중합화되고 사슬 종결제(chain stopper)로서 작용을 할 수 있다. 경화 속도는 상당히 감소를 하였고, 만약 경화하는 동안 습도가 높다면 표면 끈적임이 없는(tack－free) 상태에 도달하기 위한 시간이 매우 증가한다. 상대 습도가 80% 이상일 때 경화 속도는 급격히 감소한다. 상대 습도가 65% 또는 그 이하일 경우, 표면 끈적임이 없는 상태가 되기 위해 코팅에서 필요한 시간은 영향을 받지 않는다. 만약 재질에 약 45도 정도로 따뜻하게 한다면, 높은 습도의 영향은 무의미하게 되고 경화 속도는 평상과 같이 되돌아온다. 또 다른 연구자는 수분이 양이온 시스템에서 공중합하고 약 70% 이상의 상대 습도에서 경화 속도가 감소한다는 보고를 발표하였다.

종이 재질의 습기 함량은 경화 속도에 영향을 가지고 있다는 것을 보여주었다. 건조된 종이판은 다양한 습도 상태에서 저장을 하고 45% 상대 습도에서 저장한 것은 1초에 경화가 되었고, 95% 상대 습도에서 저장한 것은 60초 이상에서 경화가 되었다. 이러한 건조된 종이판 기술은 제조하는 동안 상대 습도가 높다면 특별한 배합에서 테스트를 하는 기술을 생각해 봐야 할 것이다.

에폭시를 기본으로 하는 배합의 벌크 상태에서 수분은 공중합을 할 것이다. 약 1% 이상을 함유한 물의 적은 양을 첨가하고 오니움 염 광개시제를 함유한 3, 4－에폭시싸이클로헥실메틸－3, 4－에폭시싸이클로헥실 카르복실레이트(3, 4－epoxycyclohexylmethyl－3, 4－epoxycyclohexyl carboxylate) 안에 용해가 될 것이다. UV로 경화를 할 때, 수분은 심각할 정도로 물성에 영향을 주지는 않는다. 그러나 3～4% 첨가가 되면, 수분은 혼합할 수 없게 되고 에멀젼 상태가 된다. 경화를 시켰을 때, 기계적 물성의 손실이 이루어지고 경화된 필름으로부터 액체 상태 수분의 분리가 일어난다. 수분은 첨가제로 추천이 되지는 않는데, 만약 매우 낮은 분자량 희석제를 필요로 한다면 유기 화합물의 선택에 따라 사용할 수 있다. 물은 상업적인 실험에서는 사용이 되지 않는다.

양이온 배합에서 수분과의 공중합은 작은 양이지만, 높은 상대 습도에서 뚜렷하게 경화에 영향을 미치며, 경화 속도와 접착에 영향을 준다. 이러한 결과는 철, 금속 산업에서 나타나며, 수분, 오일 등을 제거하기 위해 매우 짧은 화염(flame)으로 처리 또는 적외선 처리를 한다.

자유 라디칼 광중합 개시제와 개시 메커니즘

제5장

1. 개 요

광중합은 일반적인 중합의 경로를 따른다. 적당한 반응 모노머들은 중합이 되기 위한 종(species)을 형성하기 위해 처음에 개시를 해야만 하고, 고분자 사슬을 형성하기 위해 성장을 하며, 마지막으로 성장한 고분자 사슬은 몇 가지 방법에 의해 종결을 해야만 한다. 이러한 광중합은 두 가지의 일반적인 메커니즘을 통해 개시를 하게 된다. 자유 라디칼 개시 또는 양이온 개시. 자유 라디칼 개시는 전자 빔을 사용하여 불포화 모노머로부터 자유 라디칼을 생성시키는 방법과 UV와 광개시제를 사용하여 생성시키는 방법이 있다. 양이온 개시는 광개시제의 사용이 필요하며 루이스 또는 브뢴스테드 산을 형성하기 위해 분해할 것이다. 이는 싸이클로알리파틱 에폭시(cycloaliphatic epoxides)와 아크릴레이트의 이중(dual) 또는 혼성(hybrid) 경화를 따르게 된다.

자유 라디칼은 불포화기를 함유한 다양한 화합물의 중합을 개시할 것이고, 부가 공정에 의해 성장할 것이다. 양이온은 싸이클로알리파틱 에폭사이드와 같은 싸이클릭(cyclic) 화합물의 중합을 개환 또는 재배열 공정에 의해 개시를 할 것이며, 비닐에테르와 같은 불포화 화합물은 부가 공정에 의해 개시가 될 것이다. 다양한 모노머들의 중합 메커니즘이 표 5.1에 나와 있다.

표 5.1 다양한 단량체의 중합 메커니즘

단량체 형태	중합 메커니즘			
	자유 라디칼	양이온	음이온	배위
α-Olefins	아니오	아니오	아니오	예
Acrylates	예	아니오	예	예
Dienes	예	아니오	예	예
Epoxides, cycloaliphatic	아니오	예	예	아니오
Epoxides, glycidyl	아니오	예	예	아니오
Ethylene	예	예	아니오	예
Isobutylene	아니오	예	아니오	아니오
Methacrylates	예	아니오	예	예
N-vinylcarbazole	예	예	아니오	아니오
N-vinylpyrrolidone	예	예	아니오	아니오
Nitroethylenes	아니오	아니오	예	아니오
Styrene	예	예	예	예
Vinyl halides	예	아니오	아니오	예
Vinyl esters	예	예	아니오	예
Vinyl ethers	아니오	예	아니오	아니오
Vinylidine halides	예	아니오	아니오	예

모노머들의 경화 속도도 중요한 요소인데, 예를 들어, 비닐 그룹은 아크릴레이트 그룹보다 UV 경화의 속도가 느리며, 경화 속도는 다음과 같은 순서를 가진다.

$$
\text{Acrylate} > \text{Methacrylate} > \text{Allyl} > \text{Vinyl}
$$

R은 알킬 그룹, Y는 수산기 그룹, X는 할라이드, 페닐, 알킬 에스터이다. 비록 아크릴레이트와 메타아크릴레이트 모노머 둘 다 자유 라디칼 공정에

의해 중합이 되며, 전자가 후자보다 좀 더 빠르고, 광경화 공정에 의한 자유 라디칼 개시를 선호한다. 비록 비닐 그룹이 가장 느리지만, 스티렌은 가격 등에서 적당하기 때문에 불포화 폴리에스터르와 혼합하여 사용이 된다. 싸이클로알리파틱 에폭사이드는 비스페놀 A의 디글리시딜 에테르와 같은 방향족 구조를 함유한 것보다 양이온 시스템에서 경화가 좀 더 빠르다.

2. 광개시제

광개시제는 자외선을 흡수하고 흥분 상태로 이동하게 된다. 흥분 상태로 이동한 광개시제는 직, 간접적으로 분해를 하여 자유 라디칼 또는 양이온을 만들게 된다. 이러한 것들은 개시 종이 되고 매우 빠르게 광중합을 하게 된다. 광개시제 사용을 포함한 주된 화학은 다음과 같다.

불포화 폴리에스터 / 스티렌 – 자유 라디칼 개시
폴리엔 / 싸이올 – 자유 라디칼 개시
아크릴레이트 / 메타아크릴레이트 – 자유 라디칼 개시
싸이클로알리파틱 에폭사이드 / 폴리올 / 비닐에테르 – 양이온 개시

3. 자유 라디칼 광개시제

자유 라디칼을 생성하는 광개시제는 크게 두 가지 타입이 있다. 실제로 광분해하는 동안 양이온을 발생시키는 광개시제를 포함해서 세 가지로 분류하기도 한다. 자유 라디칼을 생성시키는 광분해는 Norrish Type Ⅰ, Norrish Type Ⅱ, Norrish Type Ⅲ 반응으로 분류를 한다.

광개시제의 두 가지 타입은 분열과정 또는 수소 제거 과정에 의해 활성
종을 형성한다. Norrish Type Ⅰ 타입의 광개시제는 단일 분열 메커니즘 또
는 α-cleavage에 의해 분해를 하고 개시를 할 수 있는 자유 라디칼을 직접
형성한다. 흡수된 자외선은 카르보닐 그룹과 인접한 탄소 사이의 공간 결합
절단을 야기한다. Norrish Type Ⅱ의 광개시제는 자외선과 수소 분리 또는
전자 추출에 의해 형성된 자유 라디칼로 활성화시킨다. 단일 분열과 수소
흡인은 이분자(bimolecular) 반응의 필수이다. Norrish Type Ⅲ 반응은 분자
-상호간, 비라디칼 공정으로서 β-수소 원자를 포함한다. 카르보닐 그룹
옆에 탄소-탄소 결합을 절단하면서 알데히드와 올레핀을 형성하게 된다.

Norrish Type Ⅲ Reaction

4. 단일 분열 형태(Homolytic fragmentation type)

단일(Homolytic) 분열 메커니즘 또는 α-cleavage에 의한 메커니즘의 기능
을 가진 광개시제는 그것들이 분해할 때 두 개의 라디칼을 생성한다. UV는
광개시제에 의해 흡수되고 흥분 상태로 가게 된다. 흥분된 분자는 두 개의
자유 라디칼 안에서 자발적 분열을 시킨다. 예로써 벤조인 알킬 에테르
(benzoin alkyl ether)의 분해를 나타내었다.

$$C_6H_5-\overset{\overset{O}{\|}}{C}-\overset{\overset{H}{|}}{\underset{\underset{O-R}{|}}{C}}-C_6H_5 \quad\xrightarrow{h\nu}\quad [\,C_6H_5-\overset{\overset{O}{\|}}{C}-\overset{\overset{H}{|}}{\underset{\underset{O-R}{|}}{C}}-C_6H_5\,]^{*}$$

벤조인 알킬 에테르 　　　　　　　　　　 광 활성분자

순간적 분열

$$[\,C_6H_5-\overset{\overset{O}{\|}}{C}\quad+\quad \overset{\overset{H}{|}}{\underset{\underset{O-R}{|}}{C}}-C_6H_5\,]$$

벤조일 라디칼 　　　　　 알콕시 벤질 라디칼

　1901년에 벤조인의 광분해 반응에 관한 연구가 진행되고 있음에도 불구하고 1941년에 크리스트(Christ)가 특허로 제출이 되었는데, 그것은 메틸 메타아크릴레이트(methyl methacrylate), 벤조인, lauryl peroxide의 해결로 cementing poly(methyl methacrylate) bomber－turret halves용으로 제공이 되었다. 그 결과는 매우 깨끗한데, UV에 10분 동안 조사하면 매우 고른 표면을 얻게 된다. 이는 예전의 고전적인 경화 방법에서 필요로 했던 8시간 이상의 시간을 개선하게 되었다. 1940년대 초에 발표된 다른 특허들은 비슷한 시스템을 가지고 있고 같은 개시제를 사용하였다. 위에서 언급한 느린 경화 속도(10분)는 2가지 요소에 의한 책임은 의심할 여지가 없다. 첫 번째는 벤조인이 형편없는 광개시제이며, 두 번째로 메타아크릴레이트는 아크릴레이트로서 빠르지 않은 중합을 가진다.

　1946년에는, 렌프류(Renfrew)의 특허에 의하면 광경화 분야는 느린 중합 속도 때문에 상업적으로 성공적이지는 않다고 지적을 했다. 일반적으로, 공정은 매우 느리고 bomber turret의 cementing으로서 필요할 뿐 다른 이점을 제공하지 못한다. 렌프류는 벤조인 에틸에테르와 같은 벤조인 에테르를 찾았는데, 기존의 벤조인보다 경화 속도가 2.5배 정도 빨랐다. 여기서 다시 메틸아크릴레이트와 스티렌을 포함하고 180～700nm의 매우 넓은 스펙트럼의 광조사에 관한 연구를 하게 되었다. 그 결과 벌크 상태에서 진행하고 lauroyl peroxide의 존재하에 실행한다. Peroxide의 분해되는 시점에서 반응의 열을 증가시킴으로써 벌크중합이 이루어지게 된다.

그 후의 연구는 초기 결과를 더욱 확고하게 하는 것이고, 벤조인 알킬 에테르는 광중합반응에서 가장 효율적인 벤조인 유도체이다. 알킬에테르의 광분열(photocleavage) 속도 상수는 벤조인의 109s − 1에 비해 1010s − 1로 더 우수하다. 속도의 차이는 인접한 양전하 안정성에 의해 벤질릭(benzylic) 치환체의 결합이 약해지는 것에 관계가 있다고 생각을 하였다. 그러므로 알킬에테르와 같은 전자 도네이팅(electron − donating) 치환체는 알킬 에스터와 같은 전자 억셉팅(electron − accepting) 치환체보다 좀 더 효율적이다.

많은 단일 분열(homolytic fragmentation) 광개시제는 표 5.2에 나타내었다.

표 5.2 단일 분열 자유 라디칼 광개시제

화합물	외 관	주요 흡수파장, nm
2,2−Diethoxyacetophenone	흰색 고체	242−325
Benzil dimethylketal	흰색 고체	220,254−335
1−Hydroxycyclohexylphenyl−ketone	흰색 고체	208,245
2−Ethoxy−2−isobutoxyacetophenone	—	—
2,2−Dimethyl−2−hydroxyacetophenone	투명 액체	265−280
		320−335
2,2−Dimethoxy−2−phenylacetohenone	흰색 고체	330−340
n−Butylbenzoin ethers, mixture	약간 노란색 액체	246−325
i−Butyl benzoin ether	노란색 액체	~250
iso−Propyl benzoin ether	흰색 고체	~250
2,2,2−Trichloro−4−t−butylacetophenone	고체	—
2,2−Dimethyl−2−hydroxy−4−t−butylacetophenone	—	—
Sulphonyl chloride derivatives of benzophenone	고체	—
1−Phenyl−1,2−propanedione−2−O−ethoxycarbonyl ester	—	—
1−Phenyl−1,2−propanedione−2−O−benzoyl oxime	—	—

각각의 광개시제는 일반적으로 전체 무게에 대해 1~10% 정도 사용하며, 가장 일반적인 경우가 약 2~5% 정도를 사용한다.

단일 분열 광개시제의 특별한 분류로는 두 가지 특별한 특성을 가진 아실포스핀옥사이드(acylphosphine oxide)가 있다. 이러한 개시제들은 경화 두께, 안료 코팅의 특성을 가지고 있고, 낮은 황변으로 인해 양호한 백색 코팅을 얻을 수 있다. 과거에는, 오직 아실포스핀 옥사이드 화합물로 2, 4, 6 ‒트리메틸벤조일 디페닐 포스핀 옥사이드[(2, 4, 6 ‒ trimethylbenzoyldiphe-nylphosphine oxide (TMPO))를 사용하였으며, 처음 들뜬 상태를 통할 때 광분해를 하였고, 아래 묘사한 것처럼 매우 **빠른** 분열을 하였다.

프리메틸벤조일 라디칼   포스피노일 라디칼

Phosphinoyl 라디칼은 아크릴레이트, 메타아크릴레이트, 비닐 아세테이트, 스티렌과 같은 불포화 분자들의 중합을 개시할 때 매우 반응성이 좋다. 비록 벤조일(benzoyl) 라디칼이 중합을 개시함에도 불구하고, phosphinoyl 라디칼은 이러한 화합물들의 중합을 개시하는 데 약 2~3배 정도 더 효율적이다.

TMPO는 379nm에서 최대 흡수를 하고 상온에서 색상을 띤다. 그러나 광화학 반응에서 표백 효과를 가지는데, 화합물 안에 빛을 흡수하는 크로모포어(light‒absorbing chromophore)가 파괴되면서 칼라를 잃게 되는 것이다. 대기 중에서 표면 경화의 특성은 하이드록시 디메틸아세토페논(hydroxydime-thylacetophenone)과 같은 화합물을 부가하면서 나타난다. 그것들은 액상이고, 아크릴레이트와 상용성이 있기 때문에 광개시 시스템에서 사용하기가 수월하다.

Optical brightener를 사용하여 phosphine oxide의 광증감을 가능하게 한다. Optical brightener는 2, 2`‒(2, 5‒thiophenediyl)bis(t‒butyl benzoxazole)과 같은 화합물을 사용하며, 포스핀 옥사이드는 광경화 외장 코팅, 수용성 코팅에 사용이 된다.

5. 수소 흡인 형태(Hydrogen abstraction type)

UV에 노출이 되었을 때, 수소 흡인형 광개시제는 바닥상태 [PI − F]O에서 들뜬 상태 [PI − F]*로 전이된다.

$$[PI\text{-}F]° \xrightarrow{h\nu} [PI\text{-}F]^*$$

이러한 유형의 광개시제는 표 5.3에 나와 있고, 비록 UV에 의해 들뜨게 되지만 단일 분열 형태처럼 중합을 개시할 때 자발적으로 자유 라디칼을 발생시키고 광분해 되고 절단을 시키지 못한다. 이러한 광개시제들은 시너지스트(synergist)가 필요하며, 들뜬 분자들과 상화 작용을 하고 전자 전이나 수소 제거에 의해 자유 라디칼을 형성한다.

시너지스트는 질소원자 알파 위치에 수소원자를 적어도 하나 가지고 있는 탄소원자를 포함하는 화합물이다. 아래 묘사한 것은 3차 아민이다. 이러한 것과 그 밖의 것들은 표 5.3에 나와 있다.

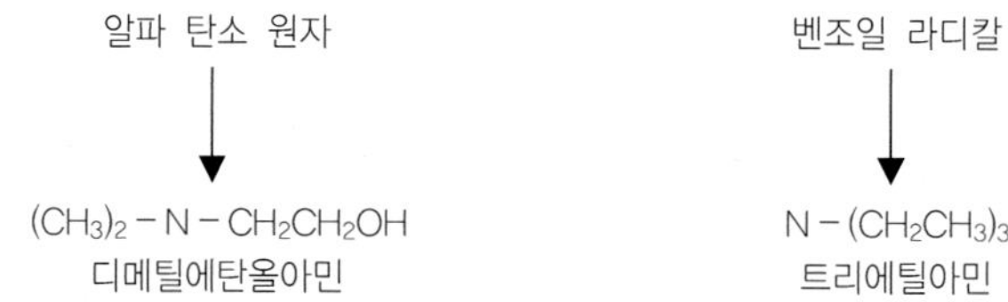

화합물	외 관	흡수 파장 nm
Benzophenone	흰색 고체	250–350
Trimethylbenzophenone with methyl benzophenone	투명 액체	250–334
4–Methylbenzophenone	흰색 고체	—
Bis–(4,4'–dimethylamino)benzophenone*	액체	360(main)
Benzil	고체	—
Xanthone	고체	—
Thioxanthone	크림색 고체	~320–340
Isopropylthioxanthone	황색 고체	258–382
2–Chlorothioxanthone	황색 고체	360(main)
9,10–Phenanthrenequinone	흰색 고체	420(main)
9,10–Anthraquinone	고체	—

표 5.4 저분자 시너지스트

화합물
2–Ethylhexyl–p–dimethylaminobenzoate
2–Ehtyl–p–(N,N–dimethylamino)benzoate
2–n–Butoxyethyl–4–dimethylaminobenzoath
Dimethylethanolamine
Methyldiethanolamine6
N,N–Dimethyl–p–toluidine
Triethanolamine
Triethylamine
Importhant General Types
Amines
Disubstituted amides
Tetrasubstituted ureas

시너지스트는 일반적으로 3차 아민을 사용하지만, 아마이드나 우레아도 사용을 한다. 알코올과 에테르와 같은 다른 화합물들은 수산기 또는 에테르 산소에 알파 위치 탄소원자가 수소원자를 포함할 뿐만 아니라, 황 원자에 수소를 가지고 있는 싸이올(thiol)이 포함된다. 그러나 광조사에 의해 들뜬 화합물들은 질소의 알파 위치에 수소원자를 함유한 아민 화합물들과 쉽게 반응을 할 것이다. 아미노 라디칼과 관련한 전자가 충분한(electron – rich) 환경에서는 아크릴레이트와 같은 선사가 부족한(electron – poor) 불포화 노노머들의

개시에 매우 효율적이다. 1차, 2차 아민은 일반적으로 시너지스트로서 사용을 하지 않는데 그 이유는 아크릴레이트 모노머들이 Michael 부가 반응을 하는 경향이 있으며, 이는 저장하는 동안에 gelation을 야기하기 때문이다.

일반적으로, 시너지스트는 낮은 분자량을 가지고, 벤조페논과 같은 아릴케톤(aryl ketone) 광개시제와 결합을 하는 모노아민(monoamine) 작용기를 가진 화합물들을 사용한다. 낮은 분자량의 시너지스트를 사용하였을 때, 그 것들은 표 5.5에 나타낸 것처럼 코팅에 있어서 불리한 점을 가진다.

표 5.5 저분자 시너지스트가 사용될 때 잠재적 불리한 효과

저장 안정성의 감소
어떤 잉크의 에멀젼화
기계적 물성의 감소
불쾌한 냄새
황변

어떠한 수소 흡인 광개시제는 시너지스트 없이 기능을 할 것인데, 그 이유는 내부에 시너지스트를 포함하고 있다.

Complex를 형성하기 위해 전자 전달 메커니즘에 의한 UV에 들뜬 광개시제 상호 작용 시너지스트 기능은 'exiplex'로 불리고 아래에 나타내었다.

결과적으로, exiplex의 트리에틸아민 영역에 수소원자는 자유스럽고 exiplex
의 벤조페논 영역에 의해 받아들여진다. 변화된 벤조페논은 자유 라디칼
(ketyl radical)이지만, 광경화에 필요한 빠른 속도에서 개시, 성장 중합을 할
능력은 가지지 못한다. 그것은 불활성 종에 부식이 되며, 중합반응에 참여
하지 못하거나, 사슬 이동제로서 작용한다. 변화된 아민은 자유 라디칼이고,
아크릴레이트와 불포화 화합물의 빠른 중합 개시의 능력을 가지고 있다. 아
미노 라디칼은 케틸 라디탈(ketyl radical)보다 중합 개시가 좀 더 효율적이다.

중합의 종결 단계가 진행되는 동안, 자유 라디칼의 재결합(recombination)
을 통해 고분자 네트워크 안에 시너지스트 분자들은 편입이 되게 된다. 일
반적으로 이러한 편입은 시너지스트가 분자량이 낮고 그것들의 사용 단점
(표 5.5) 때문에 무시될 수 있다. 이러한 불리한 영향에도 불구하고, 시너지
스트는 속도 개선 특성 때문에 사용이 되고 있다. 고분자형 / 올리고머형 아
민 시너지스트의 사용과 그것들의 유도체들은 과거의 시너지스트의 단점을
없애고 최종 경화된 코팅의 기계적 특성을 개선하였다. 그 외에도, 유연성,
광택, 강도를 개선하였고, 다른 기능적이고 장식적인 특성은 다음과 같다.

- 배합에서 아크릴레이트의 양이 감소
- 질소 또는 다른 불활성 기체의 필요가 제거
- 수축률 감소
- 접착력 개선

일반적인 형태의 시너지스트는 다음과 같다.

$$R\left[\text{OLIGOMER}-\text{CHR}'''-\underset{\underset{R''}{\mid}}{\overset{\overset{R'}{\mid}}{N}}\right]_x$$

R은 화합물의 나머지 부분으로서 올리고머를 만들기 위해 사용이 되며,
x는 R, R`, R``의 작용기와 관련된 정수로서 같거나 다를 수 있다. 예를

들어, 만약 폴리프로필렌 옥사이드 트리올[poly(propylene oxide) triol]이 올리고머라면, R은 글리세롤의 나머지 부분이고, x는 3이 된다. 이러한 고분자-올리고머형 시너지스트는 직물을 유연하게 하는 개질된 코팅 특성에 사용할 수 있다.

6. 광증감제(Photosensitizers)

중합이 자유 라디칼 개시제에 의해 유도가 되었을 때, 공정은 광개시제의 소비를 포함한다. 다른 화합물 안에 UV의 활동은 광분해를 의미한다. 광증감제 (S)는 에너지 전이를 의미하는 중합의 개시이다. 만약 바닥상태에서의 광증감제(SO)는 적당한 파장의 UV에 조사되면 좀 더 높은 에너지 상태인 S*로 올라갈 것이다. 흥분된 광증감제는 다른 화합물로 에너지를 전이시키며 광개시제는 광분해를 할 것이며 자유 라디칼을 생성하면서 중합을 개시하게 된다. 이러한 과정에서, 광증감제는 에너지 상태가 낮아져서 바닥상태로 떨어지게 된다. 몇몇 문헌을 보면, 저자 또는 발명가들이 광증감제를 잘못 묘사를 하였는데, 사실 그것들은 광개시제이다.

그러므로 광증감은 광증감제가 하나의 화합물로 에너지를 전이할 때 사용이 되는 과정이다. 다른 분자인 광개시제를 흥분 상태로 만들기 위한 하나의 과정이다. 예를 들어, 만약 360nm보다 큰 파장에서 메틸 메타아크릴레이트의 중합을 광개시하기 위해 quinoline-8-sulfonyl chloride 또는 thioxanthone을 사용하였다. 각각의 파장에서 quinoline은 매우 적은 자외선을 흡수하고, thioxanthone은 시너지스트 없이는 비효율적이다. 그러나 만약 두 화합물을 혼합해서 사용한다면, thioxanthone은 UV를 흡수하고, quinoline으로 전이를 시키면서 광분해를 하게 되고, 중합을 실행할 수 있는 자유 라디칼을 생성한다. 증감제로서의 thioxanthone은 quinone이다. Ethoxylated thioxanthone과 α-amino ketones 또는 α-hydroxy ketones의 증감은 적어도 두 가지 방법에 의해 실행이 되는데, thioxanthone의 광환원(photo reduction) 또는 tiplet – triplet 에너지 전이이다.

7. 산소저해(Oxygen inhibition)

산소는 UV로 들뜬 또는 활성화된 분자들을 저하시키는 데 효율적이고, 분열 타입 광개시제를 포함하는 배합에서 중합의 금지를 이끌게 된다. 산소 분자는 디라디칼(diradical)로 생각되어 왔다. 그것이 singlet 상태에 있을 때, 산소 분자의 전기적 바닥상태에서 재빨리 변화를 실행한다. Diradical은 중합을 개시하기 위해 충분한 에너지를 가지지 않으며, 안정한 상태로 생각되었다. 그러나 자유 라디칼의 존재로 자발적으로 반응을 하며, 자유 라디칼 메커니즘에 의한 중합 시스템에서 명확한 영향을 가진다. 이러한 메커니즘은 저장하는 동안 안정한 아크릴레이트 화합물로 유지하지만, 자유 라디칼 중합에서 광조사를 하는 동안 중합 금지로서 작용을 한다. 산소 금지 결과는 노출된 필름의 표면에서 중합이 안 된 분자들의 얇은 층을 이룰 수 있다. 이러한 중합이 안 되었거나 금지된 층의 두께는 노출 시간, UV 세기, 광개시제 농도에 대해 반비례로 작용을 한다.

자유 라디칼 FR•은 모노머 또는 올리고머 불포화 화합물과 반응을 하며 중합을 개시하게 된다. 예를 들어, 그것들은 재결합을 시킬 수 있고 FR – FR 화합물을 형성하게 되는데, 다시 광분해를 하고 새로운 자유 라디칼을 생성하게 되며 산소와 함께 반응을 할 수 있다.

$$FR• + FR• ------à FR-FR$$

산소의 존재는 두 가지 효과를 가질 수 있다. 산소는 광개시제 들뜬 상태 [PI]*에서 가라앉게 하며, 바닥상태 [PI]O로 되돌리며, singlet 상태 1O2*를 형성하게 된다.

$$[PI]^* + O_2 - -\text{à} \ [PI]^O + {}^1O_2{}^*$$

불포화 화합물과 형성된 peroxide, hydroperoxide의 반응에 의해 불포화 화합물 모노머 M의 자유 라디칼 중합을 지연시킬 수 있다.

8. 가시광선광개시제(Visible radiation photoinitiators)

경화에 있어서 빛 또는 가시광의 사용은 많은 장점을 가지고 있다. 예를 들어, 같은 세기로 경화를 하게 되면 깊이가 빛은 좀 더 깊으며, 투명하고, 색깔이 있고, 반투명한 재질을 통해 경화를 하며, 치과용으로 사용이 되고 있다. 최근에, 플루오렌(fluorene) 광개시제는 가시광 스펙트럼(visible spectra)을 통해 유용하게 사용이 되고 있다.

여기에서 R은 최대 흡수가 470㎚인 메틸, 에틸, 부틸이며, 만약 옥틸이라면 흡수파장은 472㎚가 된다. 만약 R이 부틸이라면, 화합물은 5, 7 - diiodo - 3 - butoxy - 6 - fluorone이다. 중앙의, 고리에 있는 CN을 수소 그룹으로 변경을 시키고 오른쪽의 고리에 있는 수소원자와 알콕시 그룹을 서로 교체를 하면 흡수파장이 630～638㎚와 580～590㎚를 얻게 된다. 이러한 화합물들은 아크릴레이트의 중합에 유용하다. 이러한 화합물들은 아주 작은 양인 0.01~0.15%를 사용하여 매우 높은 흡수력을 가지게 된다. 이러한 광개시제들의 보조개시제(coinitiators)는 테트라메틸 암모늄 트리페닐부틸 보레이트(tetramethylammonium triphenylbutyl borate) 같은 화합물이다. 보조개시제는 경화 응답속도를 개선하였고, 5, 7 − diiodo − 3 − butoxy − 6 − fluorone와 같은 화합물의 표백 특성을 개선하였으며 주로 칼라가 없는 필름을 얻게 된다.

다른 광개시제들은 460nm에서 흡수하는 D, L − camphorquinone을 사용하였다. benzil, fluorenone, rose bengal, uranyl nitrate; 1 − hydroxy − 1 − cyclohexylphenyl ketone, 2 − hydroxy − 2, 2 − dimethyl acetophenone과 azobis(isobutyronitrile)의 혼합물을 사용하기도 한다. 여전히 다른 광개시제들은 가시광 스펙트럼(~650nm)과 적외선 영역(~1,200~1,500nm) 근처의 이상 영역에서 활성화된다. 이러한 화합물들의 대표적인 것은 N, N − di − n − butyl − N`, N` − bis(di − n − butylaminophenyl) − p − benzoquinone diimmonium hexafluoro antimonate이다.

Halogenated fluorescein은 불포화 폴리에스터 시스템을 경화하는 데 가시광 광개시제로서 사용이 된다. 이 화합물은 배합에서 아민과 옥심(oxime) 화합물과 같이 사용이 된다. 이러한 fluorescein의 구조는 다음과 같다.

Generalized fluorescein

이 구조에서, X와 Y는 수소 또는 할로겐이며, Z는 수소 또는 에스테르,
R은 알킬이다. 아민 첨가제는 N, N – disubstituted benzylamine이고, 옥심은
benzoyl substituted oxime carbonate ester이다.

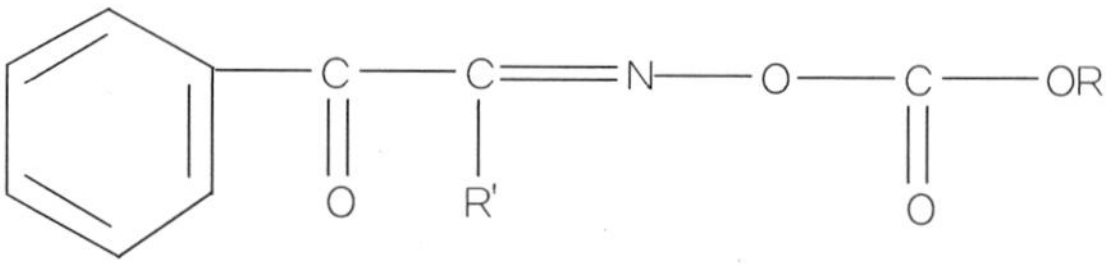

이 구조에서, R은 알킬, aralkyl, aryl이고, R`은 alkyl 또는 aryl이다. 비록
이러한 옥심이 빛 흡수를 뚜렷하게 감지하지는 못함에도 불구하고, 낮은 농
도(0.1～0.5%)를 가지고 경화 속도와 경화 정도가 충분한 영향을 끼치게 된
다. 이러한 광개시제 시스템으로 배합이 된 제품은 일반적인 빛 상태에서
적당하게 다룰 수 있으나, 빛의 세기를 충분하게 증가하였을 때 경화가 빠
르게 일어났다.

이러한 fluorescein, rose bengal 중의 하나는 iron arene complex, cumene
hydroperoxide 또는 methyldiethanolamine과 함께 혼합이 된 상태에서 연구가
진행되고 있다. 광화학과 물리적 특성은 레이저 플래시(laser flash)와 함께
연구가 되고 있으며, 광분해 기술은 점진적으로 진행이 되고 있다. Rose
bengal과 iron arene은 resultant semioxidized rose bengal과 새로운 iron arene
complex와 함께 빛을 흡수한다.

반응성 올리고머

1. 에폭시 아크릴레이트(EPOXY ACRYLATE)

1.1 아크릴레이트화가 가능한 에폭시 수지

(A) 비스페놀 A 디글리시딜 에테르

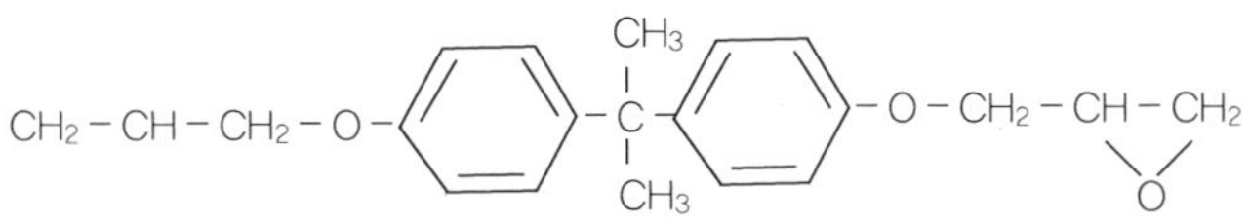

(B) 비스페놀 A 디글리시딜 에테르 올리고머

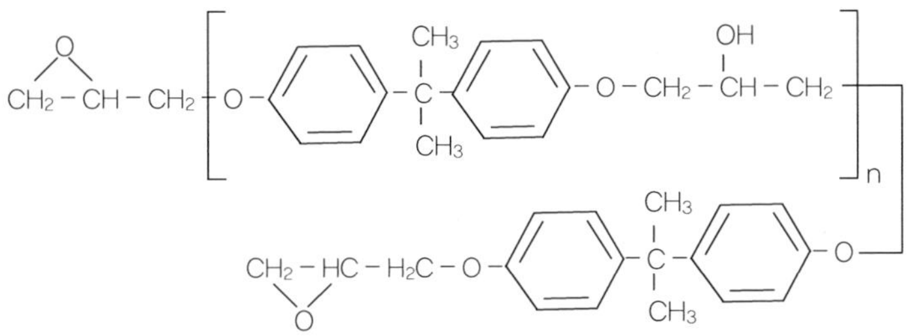

(C) 노볼락 에폭시

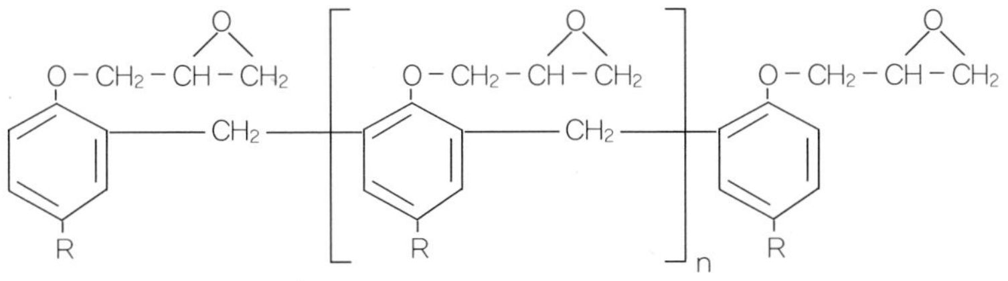

여기서 R은 수소나 알킬그룹이 될 수 있다.

그림 6.1 아크릴레이트화가 가능한 에폭시 수지

제6장

위에서 n이 0~4인 에폭시 수지가 가장 일반적으로 아크릴레이트된다.
비스페놀 A를 토대로 한 모든 에폭시 수지는 수산기를 포함하고 있다.

비스페놀 A의 디글리시딜 에테르의 몰당 에폭시 그룹의 개수는 2개 이하
이다.
몰당 에폭시 그룹의 개수를 표현하는 방식은 여러 가지가 있는데, EEW
(EPOXIDE EQUIVALENT WEIGHT)로 표현하며, WPE(WEIGHT PER
EPOXY), EMM(EPOXY MOLAR MASS) 등으로 대체될 수 있다.
WPE는 아크릴레이션하기 전에 아크릴산(acrylic acid)의 양을 계산하기 위
하여 필요하다.

다수의 비스페놀 A의 디글리시딜 에테르는 상업화되어 있으며 몇몇은 액
상인 반면, 몇몇은 고상으로 되어 있다.
노볼락 에폭시 수지는 다관능이며 매우 점성이 높으며, 대부분 점도를 낮
추기 위해 공정 중에 희석제를 넣는다.
노볼락 에폭시 수지는 내열성과 접착력이 요구되는 고성능 코팅에 사용
된다.
그 외에 에폭시 그룹을 포함하는 특별한 에폭시 수지가 있으나, 소수만이
아크릴레이트되어 상업화되는데, 이것은 비스페놀 A를 토대로 한 에폭시
수지가 다른 것에 비해 싸기 때문이다.

1.2 제조방법

비스페놀 A 디글리시딜 에테르, 노볼락 에폭시, 대두유(soya)나 아마인유
(linseed) 같은 오일 에폭시에 아크릴레이트한 것 등을 포함해 상당히 광범
위한 에폭시 아크릴레이트가 있다.

에폭시 그룹은 에폭시 고리가 말단에 있는지, 내부에 있는지 등의 상태에
따라 그 반응성이 변한다. 비스페놀 A 디글리시딜에테르, 노볼락 에폭시 같
은 것은 반응하는 에폭시 그룹이 말단에 있는 한 예이다.

다음은 에폭시-카르복실산 반응에 대해서 다루기로 한다.
아래의 그림은 에폭시-산(epoxy-acid)과의 전형적인 반응을 나타낸 것
이다.

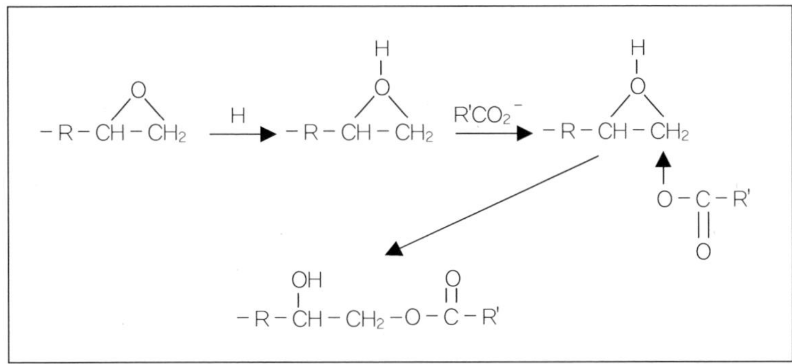

그림 6.2 이상적 에폭시-산 반응

아래에 에폭시 아크릴레이트의 제조방법을 간략히 나타내었다. 여기에서
필요하다면 반응 전이나 반응 후에 모노머를 첨가할 수도 있다.

에폭시 아크릴레이트 제조 예

에폭시 수지	1당량
아크릴산	1당량
금지제	100 ppm to 1%
촉매	0.1 to 2%

앞의 제조방법에 의한 반응을 보면 다음과 같다.

$$CH_2-CH-R-CH-CH_2 \quad + \quad 2CH_2=CHCO_2H$$

$$CH_2=CH-\overset{O}{\overset{\|}{C}}-O-CH_2-\overset{OH}{\overset{|}{CH}}-R-\overset{OH}{\overset{|}{CH}}-CH_2-O-\overset{O}{\overset{\|}{C}}-CH=CH_2$$

그림 6.3 간단한 에폭시 아크릴레이트의 형성

에폭시 아크릴레이트의 순수한 올리고머와 모노머로 희석했을 때와의 특성을 비교해 보면 다음과 같다.

에폭시 아크릴레이트의 전형적인 물성		
	100% 올리고머	25% TPGDA가 희석된 올리고머
관능기	2	2
점도(cps)	3000 @ 60℃	7500 @ 25℃
산가 (mg KOH/g)	〈3	〈2
색상(Gardner)	〈3	〈2

상업화되어 있는 에폭시 아크릴레이트는 25℃에서 보통 1,000,000cps 이상이며, 점도를 감소시키거나 취급을 용이하게 하기 위해 모노머로 희석한 것도 많이 있다.

아크릴레이트할 수 있는 에폭시 수지는 순수한 비스페놀 A 디글리시딜 에테르 같은 액상에서부터 높은 융점을 가진 비스페놀 A의 올리고머 같은 고상까지 광범위하다.

에폭시 아크릴레이트의 공정을 살펴보면, 반응기에 에폭시 수지, 금지제,

촉매, 희석제(필요하다면)를 넣고 공기나 질소를 퍼징한다. 여기에 아크릴산 (acrylic acid)을 넣고 80℃로 가온한다. 반응물은 산가(acid value)가 5mgKOH / g 이하가 되도록 90~130℃에서 반응한다. 만일 용제를 쓰지 않을 경우 겔화 의 위험을 없애기 위해 상대적으로 낮은 온도에서 반응한다. 산가가 감소하 면 에스테르화(esterification)의 비율이 증가할 수 있게 온도가 올라갈 것이 며 반응시간은 줄어들 것이다. 반응이 종결되면 냉각하고, 필요하다면 희석 제를 더 넣어 준다. 촉매는 산 - 에폭시(acid - epoxy) 반응을 촉진시키는 데 사용되며 그 형태는 소디움 카보네이트(sodium carbonate) 같은 무기 알칼리 염(inorganic alkaline salt), 리튬 옥토에이트(lithium octoate) 같은 유기금속염, 삼차아민 같은 염기 유기화합물, 포스핀(phosphine) 같은 것들이 있다. 일반 적으로 유기화합물은 산 - 수산기(acid - hydroxyl) 부가 반응을 촉진시키는 데 비해 알칼리 물질은 산 - 에폭시(acid - epoxy) 반응을 촉진시킨다.

Tertiary amines, triethylbenzyl ammonium chloride, potassium hydroxide, N, N - dimethylaniline, benzyltrimethyl ammonium hydroxide 또한 acid - epoxy esterification 반응을 촉진시키는 것들이다.

Wu 등은 에폭시 아크릴레이트를 합성하는 데 benzyltrimethyl ammonium chloride를 사용하였고, Kovalenko는 N, N - dimethylaniline을 사용하여 70~ 94℃에서 메타아크릴산으로 에폭시 아크릴레이트를 합성하였다.

촉매의 효과는 온도에 따라 변하기 때문에 반응온도는 중요하게 고려되 어야 한다.

1.3 메커니즘과 촉매의 검토

촉매 선택과 낮은 반응온도는 메커니즘에 영향을 준다. 아래에서는 일어 날 수 있는 부반응을 볼 수 있는데, 에폭시 - 에폭시, 에폭시 - 수산기, 수산 기 - 산, 이중결합 중합이 그러한 것들이다.

(A) 에폭시 - 에폭시

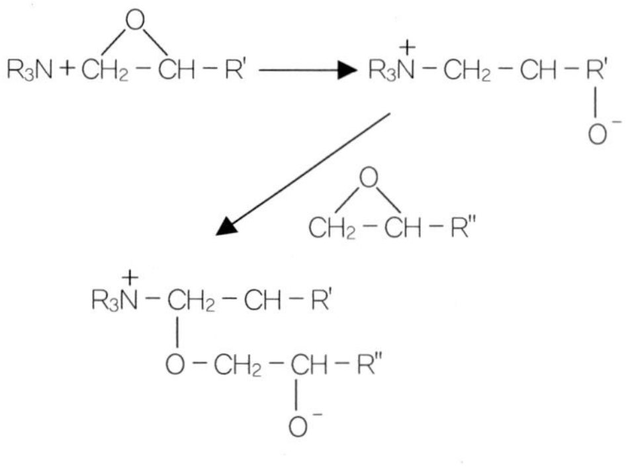

$$R_3N + CH_2 - CH - R' \longrightarrow R_3\overset{+}{N} - CH_2 - CH - R'$$
$$\qquad\qquad\qquad\qquad\qquad\qquad\qquad\qquad O^-$$

$$R_3\overset{+}{N} - CH_2 - CH - R'$$
$$\qquad\quad O - CH_2 - CH - R''$$
$$\qquad\qquad\qquad\qquad\quad O^-$$

(B) 에폭시 - 수산기

(i) 고분자량의 에폭시 수지에 있는 수산기 그룹

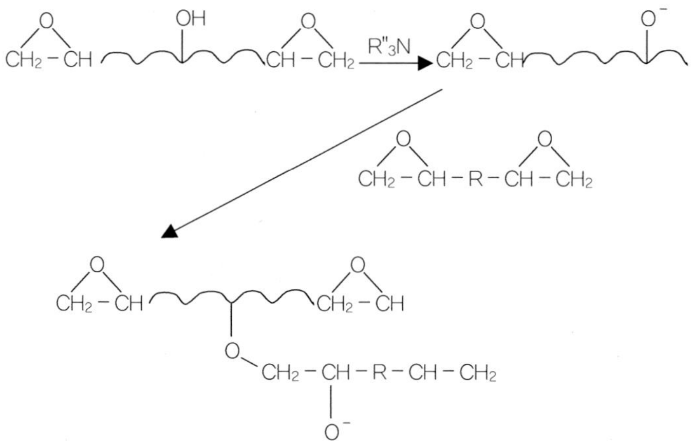

(ii) 아크릴레이트화에 의해 형성된 수산기 그룹

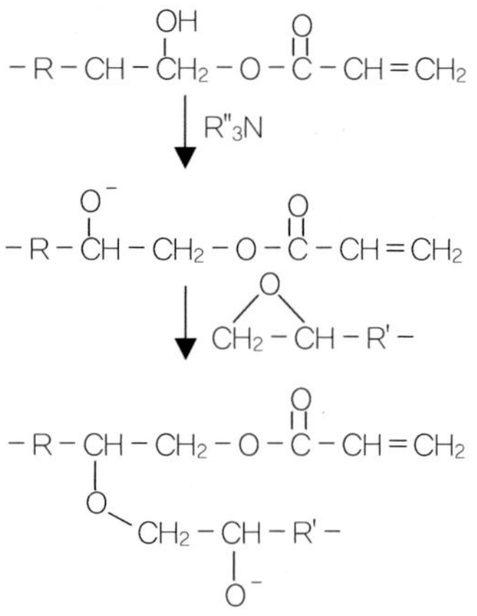

$$-R - CH - CH_2 - O - \overset{O}{\overset{\|}{C}} - CH = CH_2$$
$$\qquad\quad OH$$

$$\downarrow R''_3N$$

$$-R - \overset{O^-}{CH} - CH_2 - O - \overset{O}{\overset{\|}{C}} - CH = CH_2$$

$$-R - CH - CH_2 - O - \overset{O}{\overset{\|}{C}} - CH = CH_2$$
$$\qquad\quad O - CH_2 - CH - R' -$$
$$\qquad\qquad\qquad\qquad\quad O^-$$

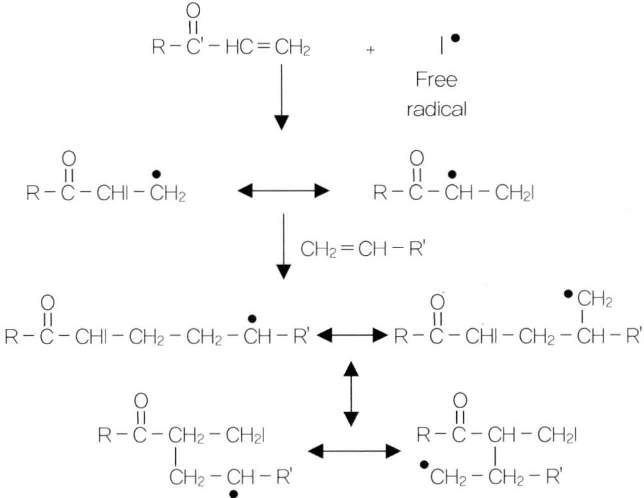

그림 6.4 아크릴레이트화 중에 생기는 원하지 않는 부반응

이론적인 에폭시 아크릴레이트처럼 에폭시: 산 = 1 : 1일 경우, 에폭시 아크릴레이트 반응은 선택적으로 hydroxy ester를 제공한다. 반면, 에폭시 수지가 과잉인 경우 산이 모두 소모되고 나면 본래의 에폭시 – 수산기 반응이 일어난다.

May는 촉매와 효과에 대해서 리스트를 제시하였는데, alkali metal hydroxides는 amine에 비해 그 효과가 떨어지며, triethylamine과 N, N dimethylaniline은 potassium hydroxide보다 더 효과적임을 알 수 있다.

지금까지의 몇몇 일반적인 경향을 살펴보면,

① 에폭시 – 산 반응은 루이스 촉매(Lewis base catalyst)나 삼차아민이 사용되었을 때 명확하게 나타난다.

② 반응의 비율은 염기촉매의 선택에 의해 영향을 받는다.

③ 염기 촉매가 없거나 온화한 조건일 때, 에테르화 반응(etherification)은 산－에폭시반응을 취하게 되며, 높은 온도일 때 에테르화 반응은 억제된다.

④ 만일 염기 촉매가 존재하면, 에테르화 반응은 산이 모두 소모될 때까지 억제된다.

⑤ 만일 산촉매가 존재하면, 에테르화 반응은 촉진되며, 에스터화 반응(esterification)은 억제된다.

1.4 응용 분야

에폭시 아크릴레이트는 UV, EB 경화에 모두 다양한 용도로 사용된다.

(1) 종이, 플라스틱, 목재, 금속, 코르크 등의 투명 코팅 및 OPV(overprint varnish)

(2) 안료 코팅

(3) 인쇄회로기판(PCB)용 에칭 레지스트, 솔더 마스크

(4) 종이 및 판용 UV 옵셋 잉크, 실크스린 잉크

(5) 종이, 필름용 라미네이팅 접착제

1.5 상업화된 제품

비스페놀 A 에폭시 아크릴레이트를 토대로 한 제품은 많은 수가 상업적으로 상품화되어 있다. 에폭시 아크릴레이트 올리고머는 1,000,000cps 정도의 높은 점도를 가지고 있다. 따라서 모노머를 사용해 취급 용이하게 한 제품 또한 상업화되어 있다. 일반적으로 에폭시 아크릴레이트는 매우 낮은 피부자극(보통 1 이하)을 갖는다. 그러나 모노머를 사용하여 희석되어 있을 경우 모노머의 자극지수에 의해 에폭시 아크릴레이트의 피부자극 지수값이

좌우되기도 한다.

1.6 특수 에폭시 아크릴레이트

노볼락 에폭시 아크릴레이트는 비교적 경화 속도가 빠르고, 필름에 경도를 주며, 내열성을 좋게 하기 때문에 전자산업 분야의 UV 솔더 레지스트에 사용된다.

또한 높은 관능기는 가교밀도를 높게 해 준다.

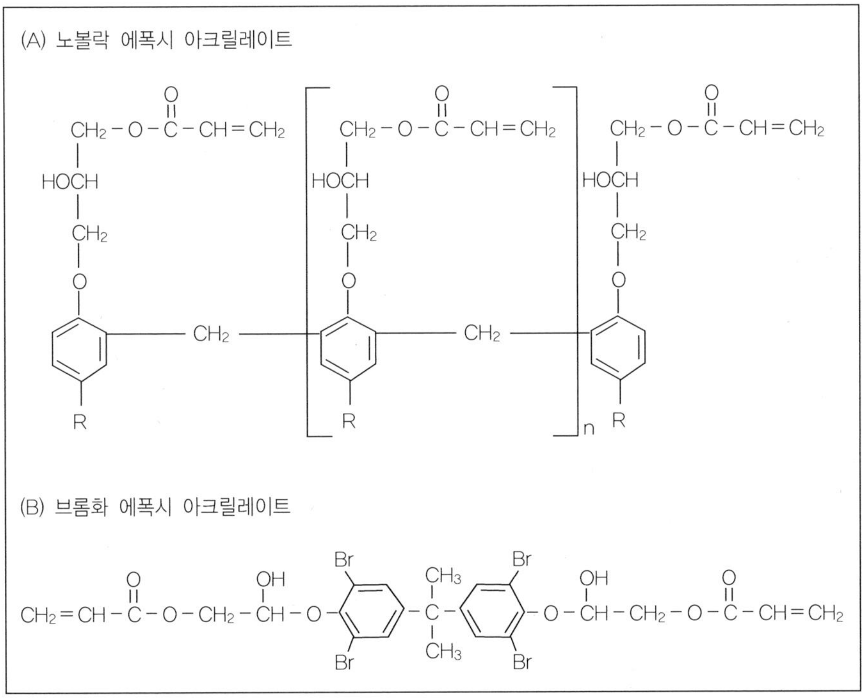

그림 6.5 특수 아크릴레이트의 구조

wetting, flow를 향상시킨 것, 점도를 줄인 것, 유연성을 향상시킨 것 등의 기본적인 에폭시 아크릴레이트에서 많이 향상되었거나 특별한 종류의 에폭시 아크릴레이트로 변경된 것도 많이 있다.

다음에 이러한 다양한 에폭시 아크릴레이트 올리고머가 상업화되어 나오는 제품을 소개하였다.

1.7 오일 변성 에폭시 아크릴레이트

코팅과 수지 산업에 사용되는 트리글리세라이드 오일(triglyceride oil)은 식물, 나무 등에서 얻을 수 있다. 물고기 오일(fish oil) 역시 사용이 가능하지만 냄새 때문에 일반적으로는 사용하지 않는다.

아래에서 트리글리세라이드 오일의 대표적인 구조식을 볼 수 있다.

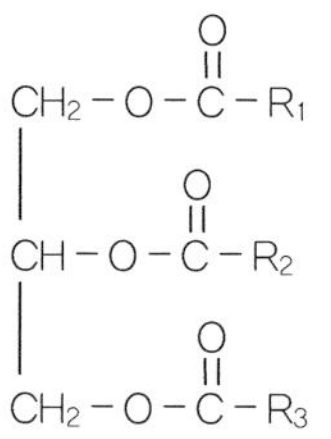

$$
\begin{array}{l}
CH_2-O-\overset{\overset{\textstyle O}{\|}}{C}-R_1 \\
\;\;| \\
CH-O-\overset{\overset{\textstyle O}{\|}}{C}-R_2 \\
\;\;| \\
CH_2-O-\overset{\overset{\textstyle O}{\|}}{C}-R_3
\end{array}
$$

여기서 R_1, R_2, R_3 는 지방산의 탄화수소 부분이다.

그림 6.6 트리글리세라이드 오일 구조

자연에서 얻을 수 있는 오일은 기후 등의 변화에 따라 그 구조가 바뀐다. 예로 스캔디나비아에서 자란 소나무에서 얻는 tall oil fatty acid(TOFA)과 북미에서 자란 소나무에서 얻는 그것은 사실상 다른 것을 볼 수 있다.

116

1.8 제법

<table>
<tr><td colspan="2" align="center">지방산 오일 변성 아크릴레이트</td></tr>
<tr><td>대두유 오일 에폭시(Epoxidised soya bean oil)</td><td>1당량</td></tr>
<tr><td>아크릴산</td><td>1당량</td></tr>
<tr><td>금지제</td><td>100 ppm − 1%</td></tr>
<tr><td>촉매</td><td>0.5 − 2%</td></tr>
</table>

1.9 응용 분야

오일 변성 아크릴레이트는 일반적으로 안료 wetting성이 좋으며 경화가 느리지만 경화된 필름은 유연성이 좋고, 접착력도 향상된다.

경화된 필름에 오일 변성 에폭시 아크릴레이트가 포함되어 있는 경우 물성은 일반 에폭시 아크릴레이트보다 일반적으로 안 좋게 나타난다.

2. 우레탄 아크릴레이트(Urethane Acrylate)

2.1 개요

기본적으로 폴리올과 같은 수산기 화합물과 이소시아네이트(isocyanate)의 중합반응 생성물로서, 대표적인 구조가 $-NH-\overset{\overset{\textstyle O}{\|}}{C}-O-$ 인 올리고머이다.

2.2 특징

우레탄 아크릴레이트계 올리고머는 다음과 같은 점에서 우수하여 광경화에서 사용되는 경우가 많다.

① 우레탄 아크릴레이트계 올리고머를 배합하면 그 경화물은 일반적으로 질긴(tough) 물성을 보인다.

② 내후성이 우수하다(무황변 제품).

③ 내약품성, 내용제성, 내오존성이 우수한 제품을 얻을 수 있다.

④ 내마모성이 우수하다.

⑤ 신장 강도가 크다.

2.3 일반적 구조

1)

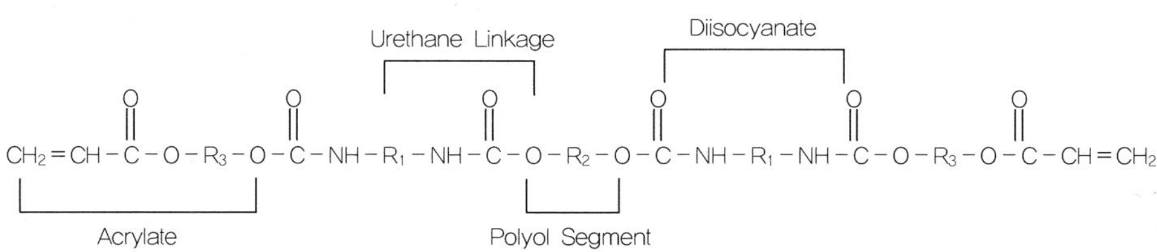

R1: 이소시아네이트 그룹(IPDI, HMDI, TDI……)

R2: 폴리올 반복단위

R3: 알킬 그룹

2.4 원료

1) 폴리올(Polyol)

* **정의:** 분자 중에 수산기($-$OH)를 2개 이상 가진 화합물로 중합에 의한 반복단위가 있는 것.

폴리올의 분류

a) 폴리에테르 폴리올(Polyether polyol): 유연성, 내가수분해성 우수하나 내열성, 내오염성 나쁨

b) 폴리에스터 폴리올(Polyester polyol): 다양한 종류 및 물성을 조절할 수 있는 장점이 있음

c) 폴리카프로락톤 폴리올(Polycaprolactone polyol): 유연성, 내가수분해성, 내열성, 내후성 우수

d) 폴리카보네이트 폴리올(Polycarbonate polyol)

e) 폴리부타디엔 폴리올(Polybutadiene polyol)

f) 알킬 폴리올: 경도, 점도가 높고 경화 빠름

2) 이소시아네이트(Isocyanate)

a) 방향족(aromatic)

TDI(toluene diisocyanate)

isomer1 : 4

MDI(diphenylmethane diisocyanate)

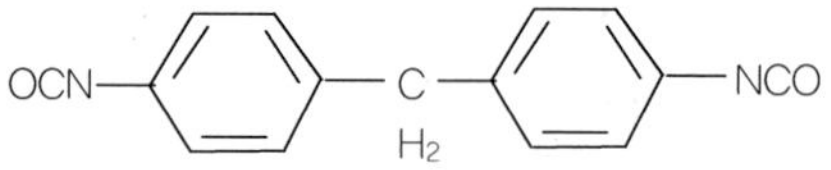

b) 방향족 고리를 가진 지방족(aliphatic with aromatic ring)

TMXDI(tetramethylxylene diisocyante)

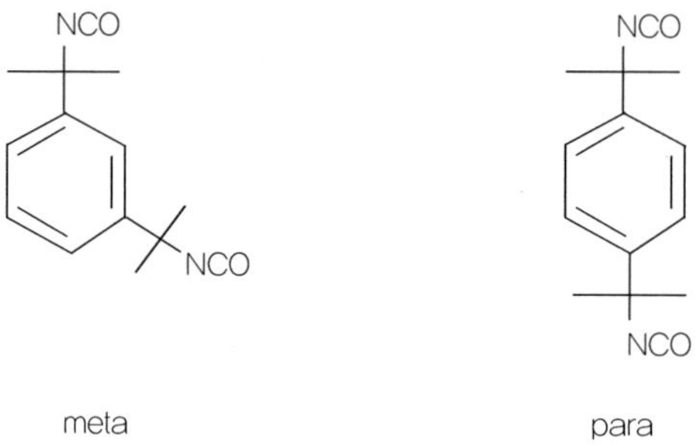

meta   para

XDI(xylene diisocyanate)

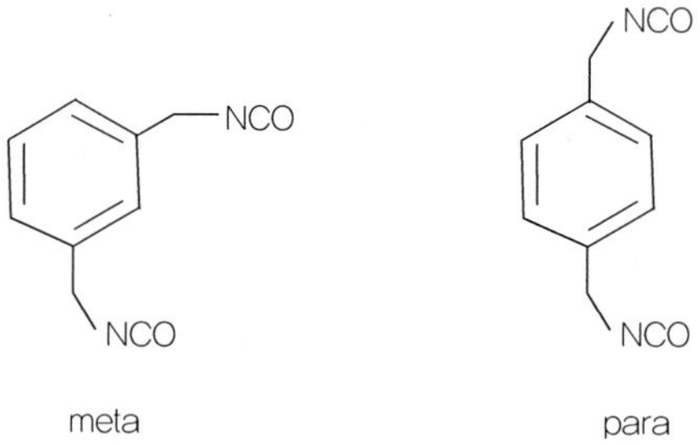

meta   para

c) 지방족(aliphatic)

IPDI(isophorone diisocyanate)

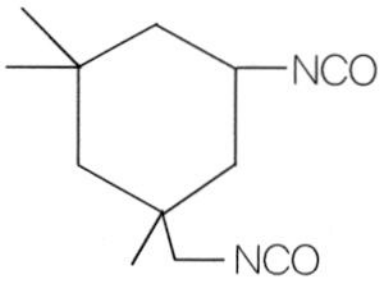

H12MDI(4, 4' − dicyclohexylmethanediisocyanate)

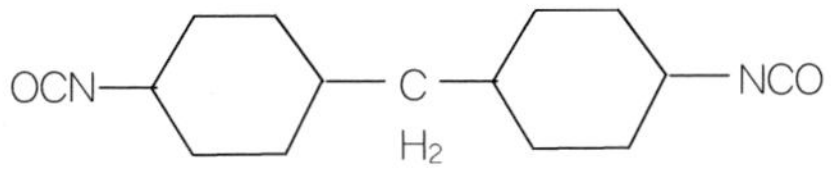

HMDI(hexamethylene diisocyanate)

Oligomer of HMDI (Biuret) urea

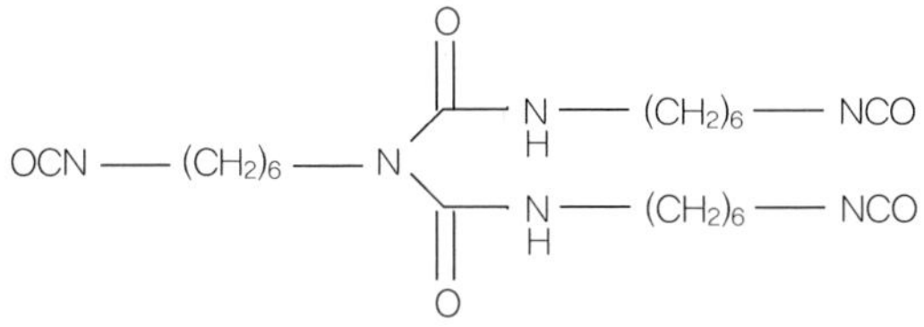

Oligomer of HMDI(isocyanate)

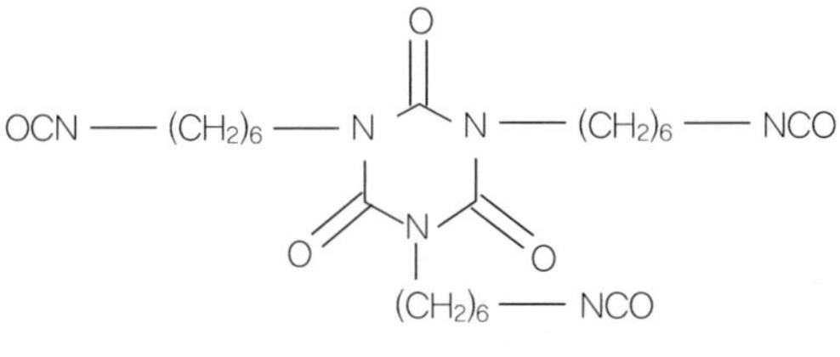

3) 하이드록시 아크릴레이트(Hydroxy Acrylate)

2 - HEA(hydroxyethyl acrylate)

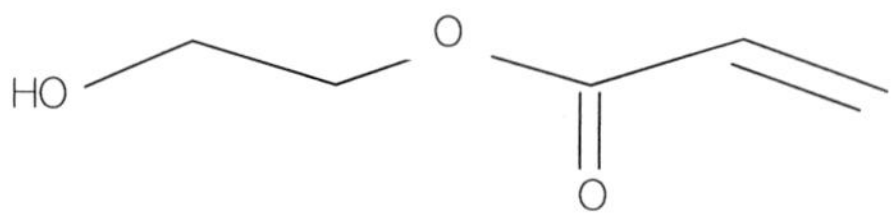

2 - HEMA(hydroxyethyl methacrylate)

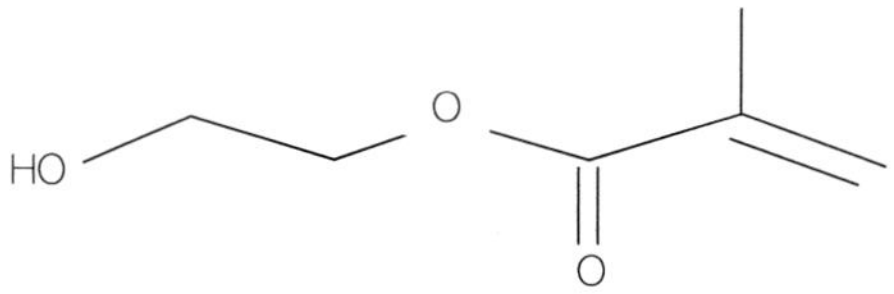

2 - HPA(hydroxypropyl acrylate)

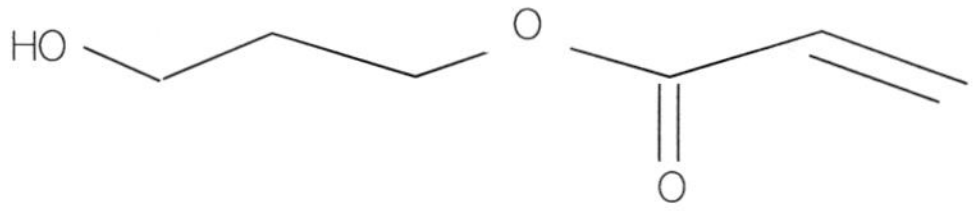

2.5 우레탄 아크릴레이트 제조방법

i) 2관능: 올리고머 한 분자당 아크릴레이트기가 2개 존재
* 디이소시아네이트(Diisocyanate)로부터

$$2OCN - R_1 - NCO + HO - R - OH + 2CH = CHCOO(CH_2)_2OH$$

$$\longrightarrow CH_2 = CHCOO(CH_2)_2OOCNH - R_1 - NHCOO - R_2 - OOCNH - R_1 - NHCOO(CH_2)_2OOCCH = CH2$$

R_1: 이소시아네이트 그룹

R_2: 폴리올 반복단위

* 디이소시아네이트로부터

$$OCN - R_1 - NCO + 2CH_2 = CHCOO(CH_2)_2OH$$

$$\longrightarrow CH_2 = CHCOO(CH_2)_2OOCNH - R_1 - NHCOO(CH_2)_2OOCCH = CH_2$$

R_1: 이소시아네이트 그룹

ii) 3관능: 올리고머 한 분자당 아크릴레이트기가 3개 존재

* 삼량체(Trimer)로부터

R_1: 이소시아네이트 그룹

* 디이소시아네이트로부터

$$R_2-OH \quad + \quad 3OCN-R_1-NCO \quad + \quad 3CH_2=CHCOO(CH_2)_2OH$$

with R_2 bearing additional OH groups (one above, one below).

$$\longrightarrow R-\begin{array}{l} OOCHN-R-NHCOO(CH_2)_2OOCH=CH_2 \\ OOCHN-R-NHCOO(CH_2)_2OOCH=CH_2 \\ OOCHN-R-NHCOO(CH_2)_2OOCH=CH_2 \end{array}$$

R_1: 이소시아네이트 그룹

R_2: 트리올(TMP, Glycerine 등)

iii) 4관능: 올리고머 한 분자당 아크릴레이트기가 4개 존재

$$HO-R_2-OH \quad + \quad 4OCN-R_1-NCO \quad + \quad 4CH_2=CHCOO(CH_2)_2OH$$

with R_2 bearing an additional OH group.

$$\longrightarrow CH_2=CHCOO(CH_2)_2OOCHN-R_1-NHCOO-R_2-\begin{array}{l} OOCHN-R_1-NHCOO(CH_2)_2OOCH=CH_2 \\ OOCHN-R_1-NHCOO(CH_2)_2OOCH=CH_2 \\ OOCHN-R_1-NHCOO(CH_2)_2OOCH=CH_2 \end{array}$$

R_1: 이소시아네이트 그룹

R_2: 테트라올(펜타에리쓰리톨, 디트리메틸올 프로판 등)

iv) 6관능: 올리고머 한 분자당 아크릴레이트기가 6개 존재

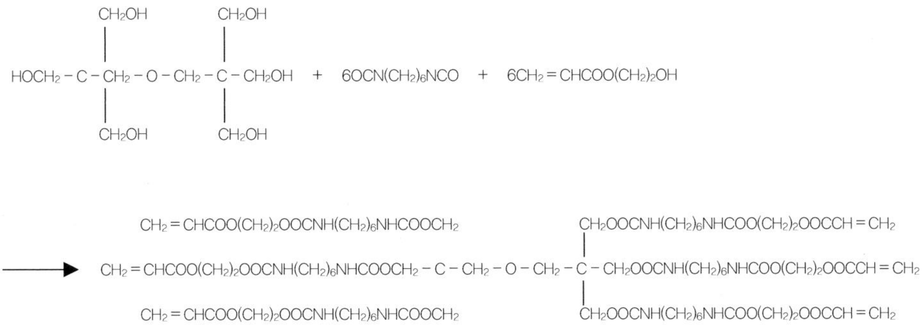

$$
\begin{array}{c}
\hspace{3.5em} CH_2OH \hspace{3em} CH_2OH \\
\hspace{3.5em} | \hspace{5em} | \\
HOCH_2-C-CH_2-O-CH_2-C-CH_2OH \quad + \quad 6OCN(CH_2)_6NCO \quad + \quad 6CH_2=CHCOO(CH_2)_2OH \\
\hspace{3.5em} | \hspace{5em} | \\
\hspace{3.5em} CH_2OH \hspace{3em} CH_2OH
\end{array}
$$

$$
\longrightarrow
\begin{array}{l}
CH_2=CHCOO(CH_2)_2OOCNH(CH_2)_6NHCOOCH_2 \hspace{4em} CH_2OOCNH(CH_2)_6NHCOO(CH_2)_2OOCCH=CH_2 \\
\hspace{18em} | \\
CH_2=CHCOO(CH_2)_2OOCNH(CH_2)_6NHCOOCH_2-C-CH_2-O-CH_2-C-CH_2OOCNH(CH_2)_6NHCOO(CH_2)_2OOCCH=CH_2 \\
\hspace{18em} | \\
CH_2=CHCOO(CH_2)_2OOCNH(CH_2)_6NHCOOCH_2 \hspace{4em} CH_2OOCNH(CH_2)_6NHCOO(CH_2)_2OOCCH=CH_2
\end{array}
$$

2.6 일반적 제조방법

디이소시아네이트와 하이드록시 아크릴레이트를 반응하여 우레탄 아크릴레이트를 얻는다.

TDI	1몰(2당량)
하이드록시 아크릴레이트	2당량
금지제	50ppm to 1%
촉매	0.1～2%
희석제	필요한 경우

1) 공정

① 공기와 비활성 기체 주입

② 30～50℃로 승온

③ 유지

④ 60～90℃로 승온

⑤ 반응

⑥ 50℃로 냉각

2) 이소시아네이트 값

① **습식분석:** 아민 적정법
② IR: 2250㎝ − 1

3) 반응조건

① **촉매**

유기주석: dibutyl tin dilaurate

아민

② **금지제:** 공기 또는 퀴논계

4) 최종 물성 조절

① 불포화 레벨(이중결합 양)
② 이소시아네이트의 성질
③ 하이드록시 아크릴레이트의 성질
④ 분자량
⑤ 점도

5) 부반응

① **수분과의 반응**

$$R-N=C=O \ + \ H-O-H \ \longrightarrow \ R-\underset{H}{N}-\overset{O}{\underset{}{C}}-OH \ \longrightarrow \ R-NH_2 \ + \ O=C=O$$

② **아민과의 반응**

$$R-N=C=O \ + \ R'-NH_2 \ \longrightarrow \ R-\underset{H}{N}-\overset{O}{\underset{}{C}}-N-R'$$

③ 우레아와의 반응

$$R-N=C=O \ + \ R'-\overset{H}{\underset{H}{N}}-\overset{O}{\overset{\|}{C}}-\overset{}{\underset{H}{N}}-R'' \longrightarrow R-\overset{}{\underset{H}{N}}-\overset{O}{\overset{\|}{C}}-\overset{}{\underset{R'}{N}}-\overset{O}{\overset{\|}{C}}-\overset{}{\underset{H}{N}}-R''$$

④ 우레탄과의 반응

$$R-N=C=O \ + \ R'-\overset{H}{\underset{H}{N}}-\overset{O}{\overset{\|}{C}}-O-R'' \longrightarrow R-\overset{}{\underset{H}{N}}-\overset{O}{\overset{\|}{C}}-\overset{}{\underset{R'}{N}}-\overset{O}{\overset{\|}{C}}-O-R''$$

⑤ 자체 중합

$$2 \ R-N=C=O \longrightarrow$$

$$3 \ R-N=C=O \longrightarrow$$

6) 이소시아네이트와 반응성 순서

표 6.1 이소시아네이트와 반응성 순서

가장 빠름	1차아민
	1차알콜
	물
	우레아
↓	2차알콜
	3차알콜
	우레탄
가장 느림	카르복실산
	카르복실산 아마이드

1차 〉 2차 〉 3차

7) 메커니즘

① **비촉매:** 알코올 자체가 촉매로 작용

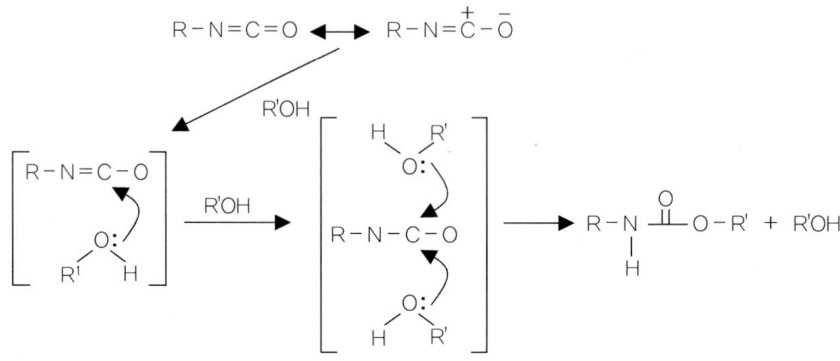

② **3차아민**

③ 금속화합물

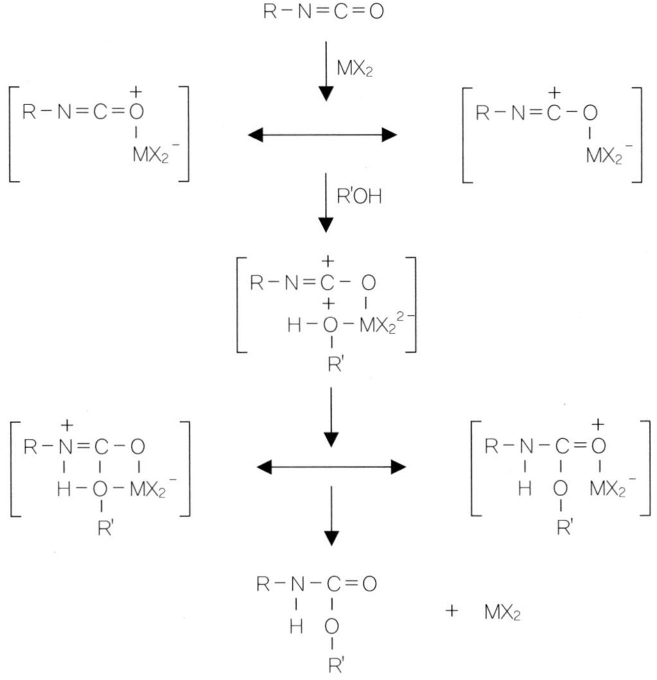

표 6.2 아민 촉매의 상대적 촉매활성도

촉매명	pKa	상대적 촉매활성도
1,4–Diazabicycio–(2,2,2)–octane	5.4	23.9
N,N–Diethylcyclohexylamine	10.0	0.7
N–Methyl–morphorine	7.4	1.0
N,N,N′,N′–tetramethyl–methanediamine	10.6	0.085

표 6.3 부틸에테르에서 메탄올 – 페닐 이소시아네이트 반응에 대한 30℃에서 촉매활성도의 비교

촉 매	몰 %	1.0 몰 % 촉매에서 상대적 활성도
none	–	1
triethylamine	1.0	11
Cobalt naphthenate	0.93	23
Benzyltrimethyl– ammonium chloride	0.47	60
Stannous chloride	0.70	68
tetra–n–bytyltin	1.01	82
Stannic chloride	0.30	99
tri–n–butyltin acetate	0.10	500
n–butyltin trichloride	0.20	830
trimethyltin hydroxide	0.041	1,800
dimethyltin dichloride	0.020	2,100
di–n–butyltin dilaurate (DBTDL)	0.0094	37,000

8) 상승효과

① 아민과 주석 촉매를 같이 사용하는 경우

② 아민 촉매는 이소시아네이트와 수산기 반응이나 이소시아네이트 수분과의 반응에 사용

③ 유기주석 촉매는 이소시아네이트와 수산기와의 반응에 주로 사용

표 6.4 이소시아네이트−수산기 반응에서 상대적 촉매활성도

촉 매	농도 (몰%)	반응차수
무촉매	−	1
TMBDA	0.1	56
DABCO	0.1	130
TMBDA	0.5	160
DBTDL	0.1	210
DABCO	0.2	260
DABCO	0.3	330
SnOct	0.1	540
DBTDL	0.5	670
DBTDL + TMBDA	0.1 + 0.2	700
SnOct + TMBDA	0.1 + 0.2	1000
DBTDL + DABCO	0.1 + 0.2	1000
SnOct + TMBDA	0.1 + 0.5	1410
SnOct + DABCO	0.1 + 0.5	1510
SnOct	0.3	3500
SnOct + DABCO	0.3 + 0.3	4250

TMBDA   = Tetramethylbutanediamine

DABCO   = 1,4−Diazabicyclo−[2,2,2]−octane

DBTDL   = Dibutyltin dilaurate

SnOct   = Stannous octoate

촉 매	70℃에서 겔화되는 시간(분)
DBTDL	8
Blank	〉240
Bismuth nitrate	1
Lead 2-ethylhexcate (24% Pb)	1
Sodium chlorophenate	2
dibutyltin dibutoxide	3
dibutyltin bis-(0-phenylphanate)	3
di-(2-ethylhexyl)tin oxide	3
Stannic chloride	3
dibutyltin diisooctylmaleate	4
dibutyltin bis-(acetylacetonate)	4
Lead oleate	4
triethylenediamine-(1,4-diaza-[2,2,2]) bicyclooctane	4
butyltin trichloride	4
Stannous octoate	4
dibutyltin di-(2-ethylhexoate)	4
dibenzyltin di-(2-ethyhexoate)	5
tributyltin cyanate	5
Ferric chloride	6
tetrabutyl titanate	8
Lead benzoate	8
Stannous oleate	8

표 6.6 다른 이소시아네이트와 촉매의 영향

촉매	70℃에서 겔화되는 시간(분)		
	80/20 TDI	MXDI	HMDI
무촉매	>240	>240	>240
triethylamine	120	>240	>240
triethylenediamine	4	80	>240
Stannous octoate	4	3	4
dibutyltin di-(2-ethylhexoate)	6	3	3
Lead 2-ethylhexoate (24% Pb)	2	1	2
Sodium o-phenylphenate	4	6	3
Postassium oleate	10	8	3
Bismuth nitrate	1	0.5	0.5
tetra(2-ethylhexyl) titanate	5	2	2
Stannic chloride	3	0.5	0.5
Ferric chloride	6	0.5	0.5
Ferric 2-ethylhexoate (6% Fe)	16	5	4
Cobalt 2-ethylhexoate (6% Co)	12	4	4
Zinc napthenate (14.5% Sn)	60	6	10
Antimony trichloride	13	6	

9) 금속과 염기 화합물의 촉매활성도

Bi > Pb > Sn > 트리에틸렌디아민(triethylenediamine) > 강염기 > Ti > Fe > Sb > U > Cd > Co > Th > Al > Hg > Zn > Ni > 트리알킬아민(trialkylamines) > Ce > Mo > Va > Cu > Mn > Zr > 트리알킬포스핀(trialkylphosphines)

10) 지방족 이소시아네이트와 수산기와의 반응에 대한 촉매활성도

Bi > Fe > Sn > Pb > Ti > Sb > 강염기 > Co > Zn > 트리에틸렌디아민(triethylenediamine) > 트리알킬아민(trialkylamines)

2.7 다성분계 우레탄 아크릴레이트

① 다관능 하이드록시 아크릴레이트

② 장쇄 글리콜(long chain glycol): 연질 우레탄

③ 유연성을 증가시키면 → 경도, 경화 속도, 내용제성 감소

④ 하드(hard) 우레탄 아크릴레이트: 가지가 많은 다관능 폴리올

1) 제조방법의 원리

1. 우레탄 아크릴레이트의 두 가지 제조방법

① 디이소시아네이트와 하이드록시 아크릴레이트를 먼저 반응시키고 나서 폴리올과 반응시키는 방법

② 디이소시아네이트와 폴리올을 먼저 반응시키고 나서 하이드록시 아크릴레이트를 반응시키는 방법

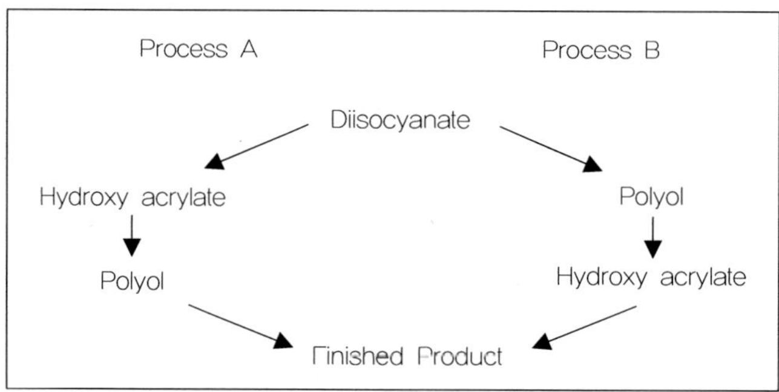

그림 6.7 2 관능 우레탄 아크릴레이트를 제조하는 두 가지 방법

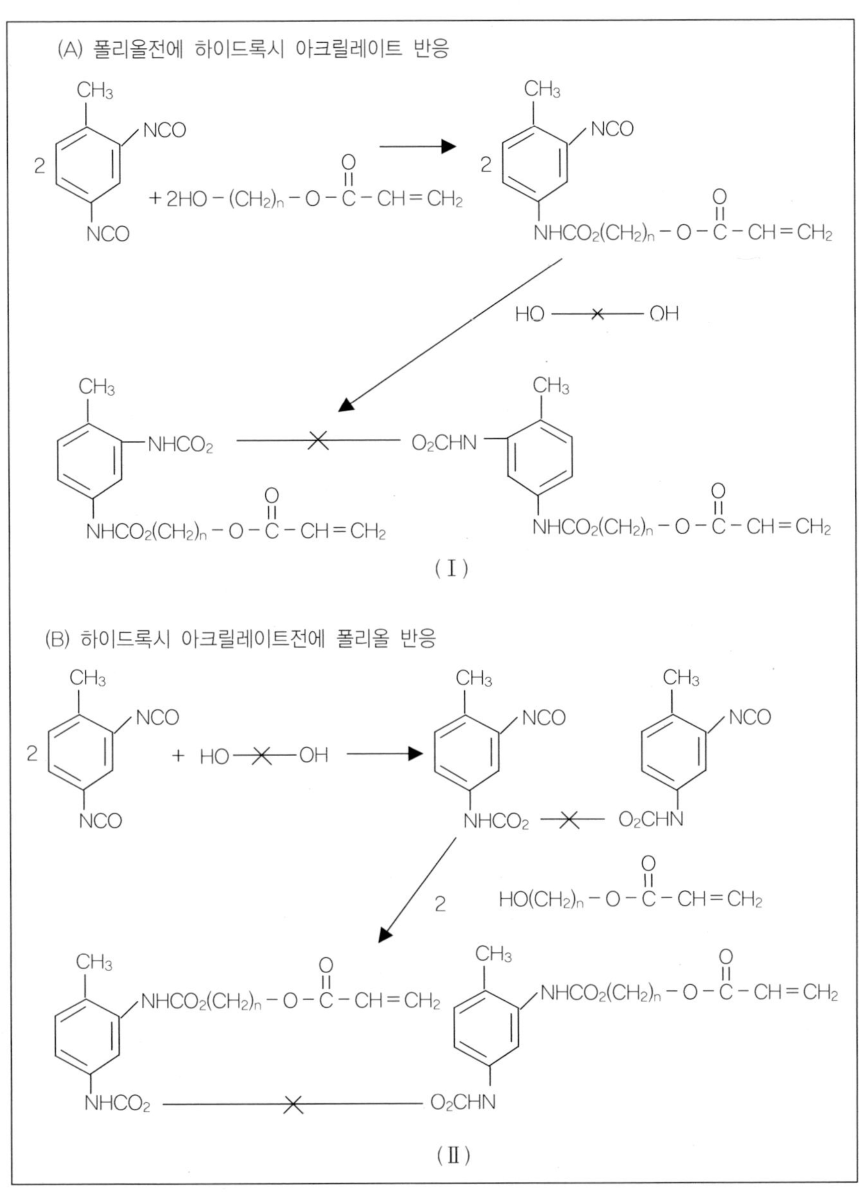

그림 6.8 두 가지 제조방법의 실제구조

2.8 폴리에스터 우레탄 아크릴레이트

1) 폴리에스터 우레탄 아크릴레이트의 성분

① 폴리에스터 폴리올
② 다관능 이소시아네이트
③ 하이드록시 아크릴레이트

2) 폴리에스터 폴리올 ①

① 1, 6 − 헥산디올: 2.0몰(4당량)
② 에틸렌글리콜: 1.1몰(2.2당량)
③ 아디픽 산: 2.0몰(4당량)
④ 촉매: 주석 촉매(예: 디부틸틴 옥사이드dibutyltin oxide)

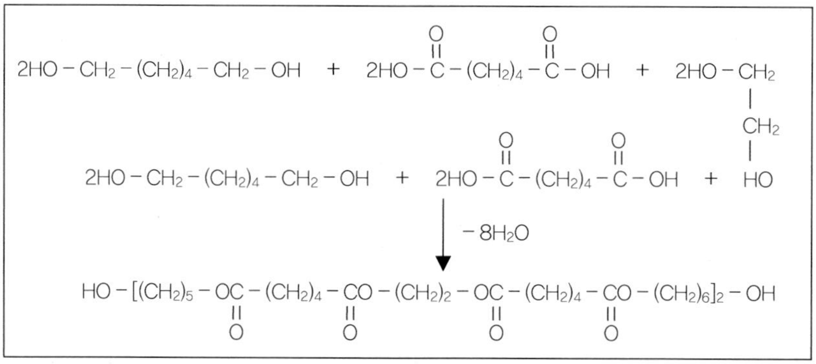

$$2HO-CH_2-(CH_2)_4-CH_2-OH \quad + \quad 2HO-\overset{\overset{O}{\|}}{C}-(CH_2)_4-\overset{\overset{O}{\|}}{C}-OH \quad + \quad 2HO-CH_2$$

$$2HO-CH_2-(CH_2)_4-CH_2-OH \quad + \quad 2HO-\overset{\overset{O}{\|}}{C}-(CH_2)_4-\overset{\overset{O}{\|}}{C}-OH \quad + \quad HO$$

$$\downarrow -8H_2O$$

$$HO-[(CH_2)_5-O\overset{\overset{O}{\|}}{C}-(CH_2)_4-C\underset{\underset{O}{\|}}{O}-(CH_2)_2-O\overset{\overset{O}{\|}}{C}-(CH_2)_4-C\underset{\underset{O}{\|}}{O}-(CH_2)_6]_2-OH$$

그림 6.9 아크릴레이트화에 적당한 폴리에스터 구조

3) 폴리에스터 우레탄 아크릴레이트 ②

① 폴리에스터 폴리올 ①: 1당량
② TDI: 1몰(2당량)
③ 하이드록시 아크릴레이트: 1당량

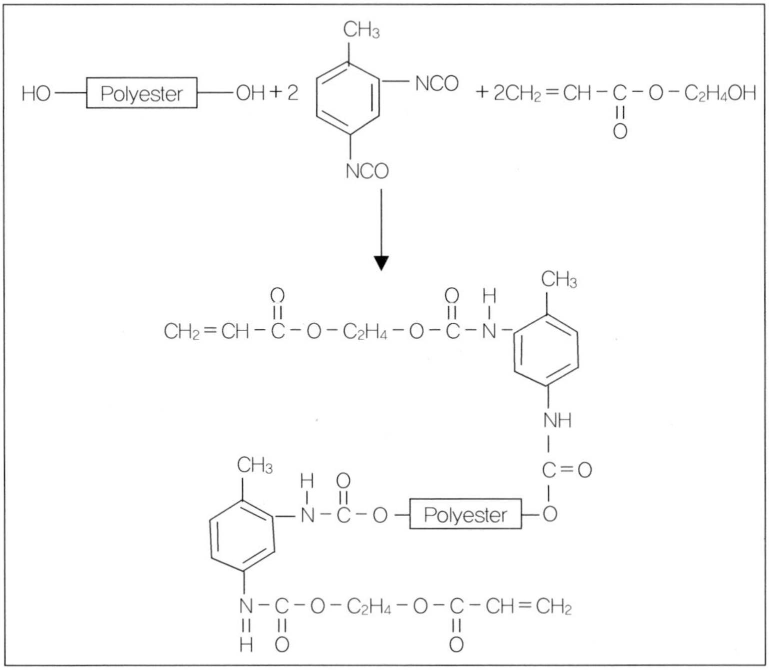

그림 6.10 폴리에스터 우레탄 아크릴레이트 제조방법

2.9 폴리에테르 우레탄 아크릴레이트

1) 성분

① 폴리에테르 폴리올

② 다관능 이소시아네이트

③ 하이드록시 아크릴레이트

2) 폴리에테르 우레탄 아크릴레이트 ③

① 폴리에틸렌글리콜: 0.5몰(1당량)

② TDI: 1몰(2당량)

③ 하이드록시 아크릴레이트: 1몰(1당량)

④ 금지제: 500ppm to 1%

⑤ 촉매: 1〜2%

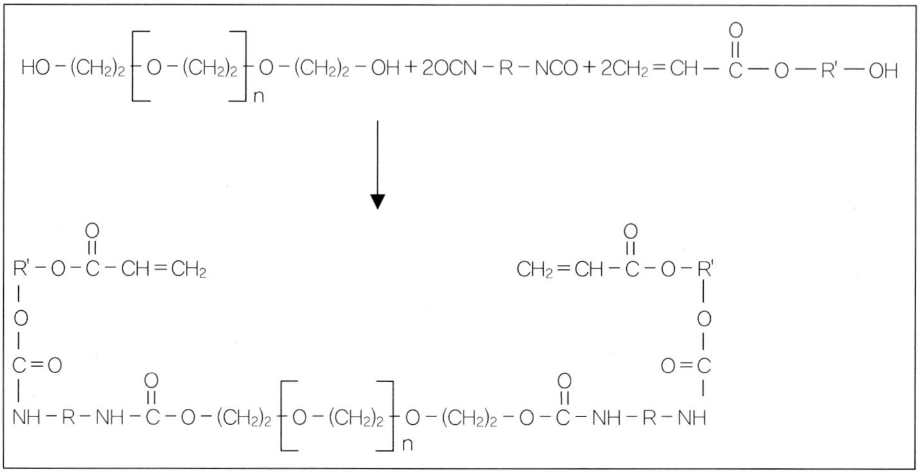

$$HO-(CH_2)_2 \left[O-(CH_2)_2 \right]_n O-(CH_2)_2-OH + 2OCN-R-NCO + 2CH_2=CH-\overset{O}{\overset{\|}{C}}-O-R'-OH$$

그림 6.11 폴리에테르 우레탄 아크릴레이트의 형성

2.10 폴리올 우레탄 아크릴레이트

1) 폴리올

① 다관능 수산기 그룹
② 폴리에스터도 아니고 폴리에테르도 아닌 알킬 폴리올
③ 폴리올로 에틸렌글리콜, 프로필렌글리콜, 헥산디올, 글리세롤, 트리메틸올 프로판 등

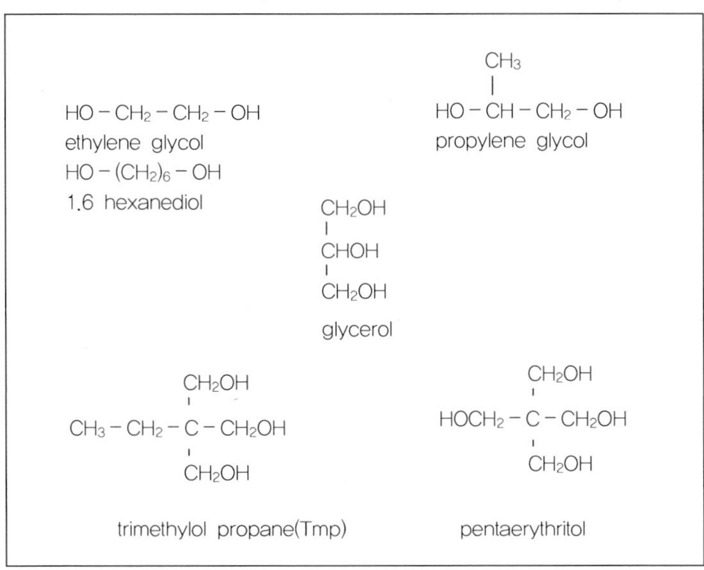

그림 6.12 비폴리에테르, 비폴리에스터 폴리올의 구조

2) 제조 특성

① 긴 사슬의 폴리올을 사용할 경우 가교밀도 저하가 일어남
② 에틸렌글리콜이 프로필렌글리콜보다 더 하드한 필름을 만듦
③ 관능기가 많은 폴리올은 딱딱한 우레탄 아크릴레이트를 만듦
④ 방향족 이소시아네이트가 지방족 이소시아네이트보다 경도가 높음

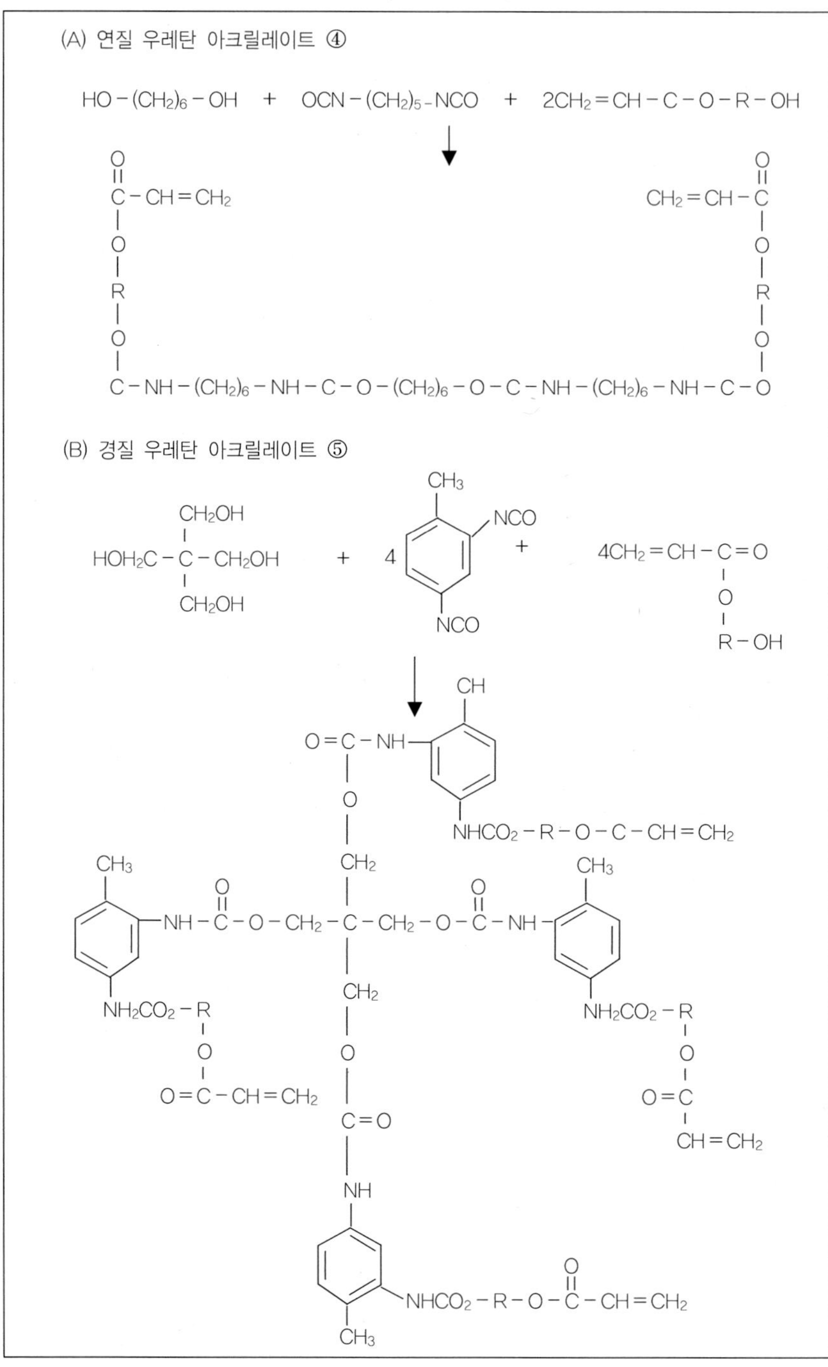

그림 6.13 경질 및 연질 우레탄 아크릴레이트 제조방법

3) 연질 우레탄 아크릴레이트 ④

① 1, 6 - 헥산디올: 1당량

② 하이드록시 프로필 아크릴레이트: 1당량

③ 헥사메틸렌디이소시아네이트(HMDI): 1몰(2당량)

④ 금지제: 0.01～1%

⑤ 촉매: 0.01～1%

⑥ 2 - HEA보다 2 - HPA가 연성을 증가시키고, 가교밀도를 낮추고 경화
   를 느리게 함.

4) 경질 우레탄 아크릴레아트 ⑤

① 펜타에리쓰리톨(pentaerythritol): 1당량

② 하이드록시 아크릴레이트: 1당량

③ TDI: 1몰(2당량)

④ 금지제: 0.01～1%

⑤ 촉매: 0.01～1%

⑥ 입체장애가 생기고 가교밀도가 높아지고 체적 수축이 많이 일어남

⑦ 접착력이 떨어지고 매우 경질임

3. 폴리에스터 아크릴레이트(POLYESTER ACRYLATE)

3.1 제조 방법

- 폴리에스터 수산기 그룹과 아크릴 산의 축합반응 또는 폴리에스터 카
  르복실산과 하이드록시 아크릴레이트와의 축합반응
- 유기용제 필요 (물과 공비하여 물 제거에 필요) 나중에 진공으로 증류
  하여 제거해야함

1) 제조방법

폴리에스터 폴리올 ⑥

트리메틸올 프로판 1몰(3당량)
트리에틸렌글리콜 2mole(4당량)
1, 6 - 헥산디올 1mole(2당량)
아디픽 산 3mole(3당량)
디부틸틴 옥사이드 촉매 0.8%

폴리에스터 아크릴레이트 ⑦

폴리에스터 폴리올 ⑥ 1몰(3당량)
아크릴산 6몰(6당량)
촉매 0.5~1%
용제 필요한 만큼 추가
금지제 100ppm에서 1%

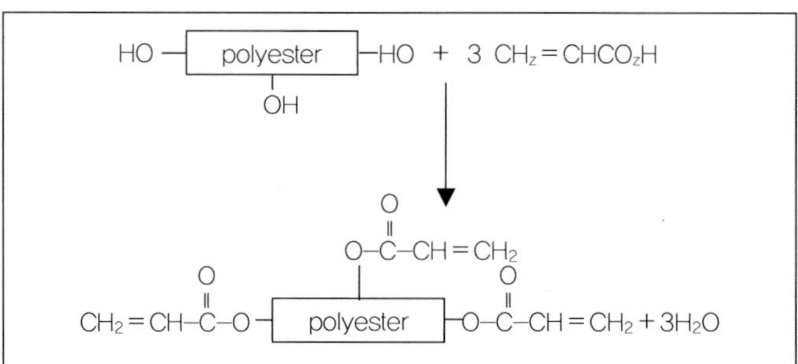

- 반응온도: 80~120℃

- 아크릴산 과잉으로 진행

- 물의 제거 및 용제 진공증류 제거

- 금지제: 니트로벤젠(25ppm)

- 촉매: 황산, 메틸 황산, 파라 톨루엔 술폰산

- 용제: 끓는점이 100℃ 이하가 유리(디클로로 에탄 등)

2) 폴리에스터 아크릴레이트의 실례

<table>
<tr><td colspan="2" align="center">POLYESTER POLYOL 'L'</td></tr>
<tr><td>1.6 Hexanediol</td><td>2 moles (4 hydroxyl equivalents)</td></tr>
<tr><td>Adipic Acid</td><td>1 mole (2 hydroxyl equivalents)</td></tr>
<tr><td>Tin Catalyst</td><td>0.05 − 0.2%</td></tr>
</table>

<table>
<tr><td colspan="2" align="center">POLYESTER ACRYLATE 'M'</td></tr>
<tr><td>Polyester Polyol 'L'</td><td>1 mole (2 hydroxyl equivalents)</td></tr>
<tr><td>Acrylic Acid</td><td>4 moles (4 hydroxyl equivalents)</td></tr>
<tr><td>Catalyst</td><td>0.5 − 1%</td></tr>
<tr><td>Solvent</td><td>As required</td></tr>
<tr><td>Inhibitor</td><td>0.1 − 1%</td></tr>
</table>

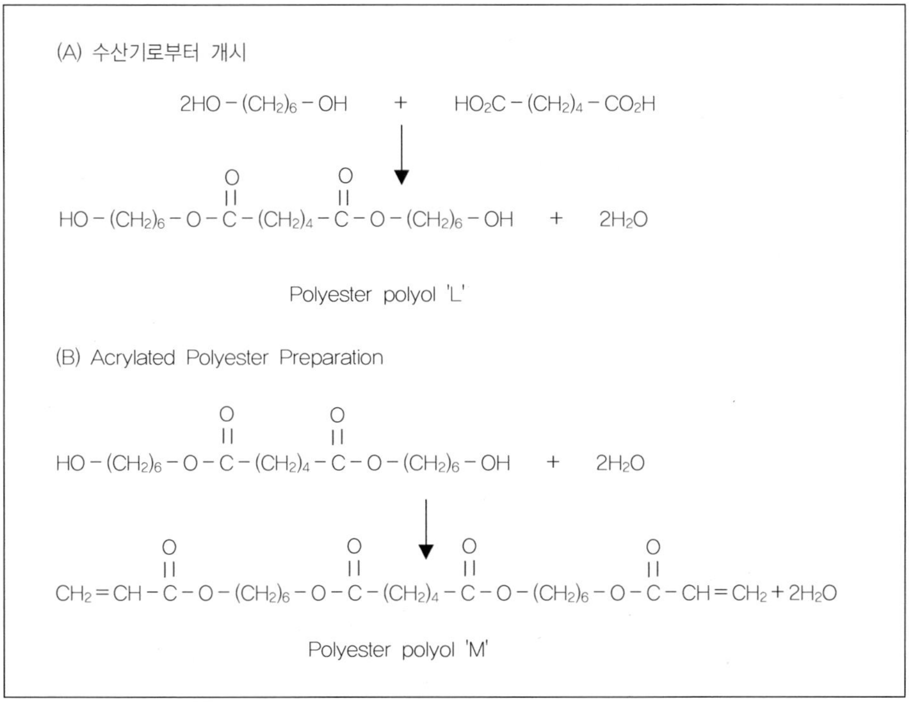

(A) 수산기로부터 개시

$$2HO-(CH_2)_6-OH \quad + \quad HO_2C-(CH_2)_4-CO_2H$$

$$\downarrow$$

$$HO-(CH_2)_6-O-\overset{O}{\overset{||}{C}}-(CH_2)_4-\overset{O}{\overset{||}{C}}-O-(CH_2)_6-OH \quad + \quad 2H_2O$$

Polyester polyol 'L'

(B) Acrylated Polyester Preparation

$$HO-(CH_2)_6-O-\overset{O}{\overset{||}{C}}-(CH_2)_4-\overset{O}{\overset{||}{C}}-O-(CH_2)_6-OH \quad + \quad 2H_2O$$

$$\downarrow$$

$$CH_2=CH-\overset{O}{\overset{||}{C}}-O-(CH_2)_6-O-\overset{O}{\overset{||}{C}}-(CH_2)_4-\overset{O}{\overset{||}{C}}-O-(CH_2)_6-O-\overset{O}{\overset{||}{C}}-CH=CH_2 + 2H_2O$$

Polyester polyol 'M'

그림 6.14 Preparation of a Polyester Acrylate

3) 무용제 폴리에스터 아크릴레이트

- 물의 제거나 부산물이 없는 부가 에스터 반응(addition esterification)
- 분자량의 제어가 가능(단계 반응)
- 저온반응
- 말단: 수산기 작용기나 카르복실산 작용기

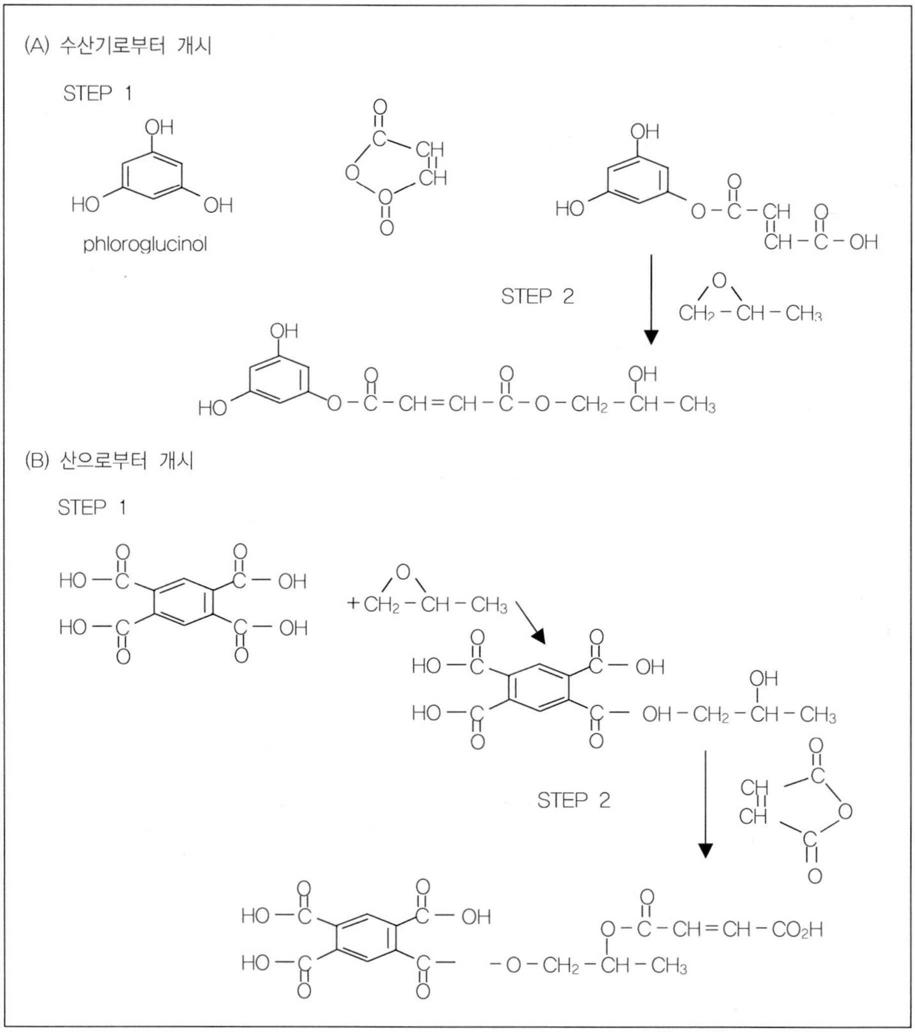

그림 6.15 무용제 폴리에스터 아크릴레이트의 제조방법

수산기로부터 개시된 폴리에스터	
Phloroglucinol	1 몰
Propylene Oxide	12 몰
Maleic anhydride	4 몰
Phthalic anhydride	4 몰
산으로부터 개시된 폴리에스터	
Pyromellitic acid	0.5 몰
Propylene oxide	11 몰
Maleic anhydride	4 몰
Phthalic anhydride	4 몰

(1) 메커니즘과 반응촉매 검토

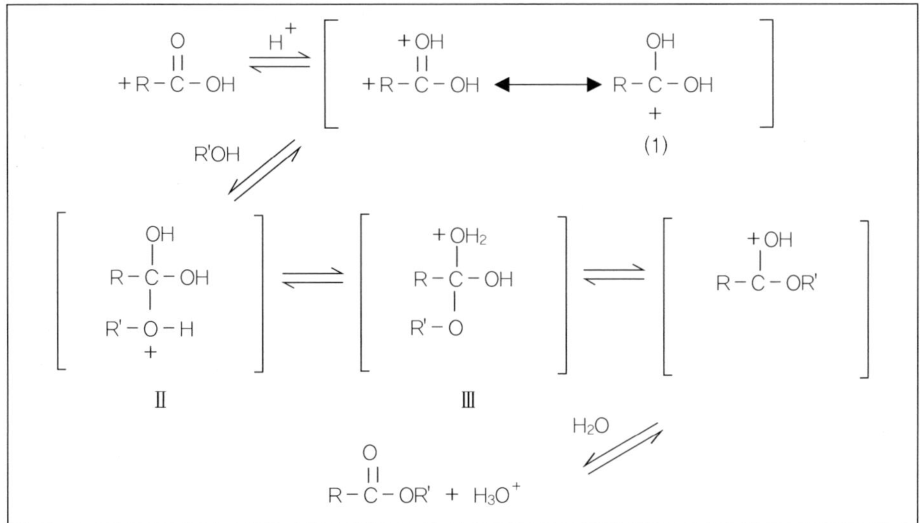

그림 6.16 산촉매하에서 카르복실산 – 알코올 반응의 메커니즘

- 첨가제거 반응
- 촉매: 소량의 강산 사용(H_2SO_4)
- 수산기 그룹의 반응차수

1차 > 2차 > 3차 (입체 장애)

- 저온에서 촉매 선택
- 서온에서 물의 세거(용세 필요)

- 공비: 끓는점 이하에서 끓는 물과 용제의 혼합물

3.2 응용 분야

- 종이, 보드, 목재용 코팅
- 종이, 금속, 플라스틱용 잉크
- 알칼리 현상형 레지스트

4. 포화 수지 및 아크릴 아크릴레이트(Saturated resin and Acrylic acrylate)

이 장에서는 2가지 형태의 수지에 대해 알아본다.

첫째, 포화 수지

둘째, UV / EB 경화에 참여하는 아크릴레이트를 포함하는 아크릴 아크릴레이트

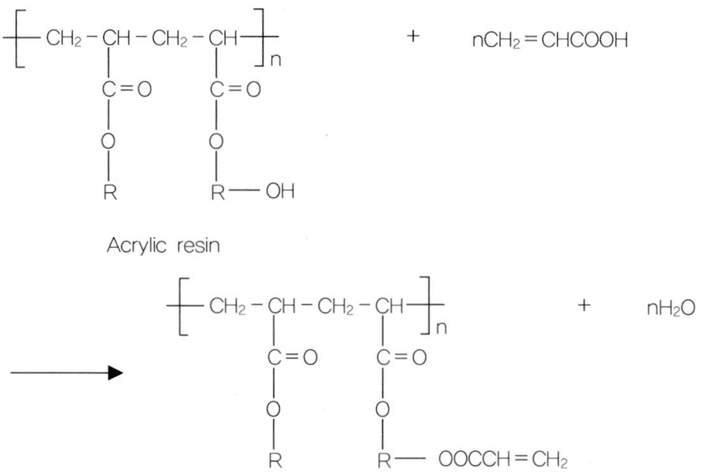

CH2 - CH - CH2 - CH
n
C=O
O
R
R — OH
+
nCH2=CHCOOH
Acrylic resin
CH2 - CH - CH2 - CH
n
C=O
O
R
R — OOCCH=CH2
+
nH2O

많은 수소원자는 불안정한 성질을 갖고 있는데, 특히 아크릴 그룹은 그래 프팅(grafting) 반응을 통해 가교 네트워크를 형성한다. 또한 아크릴 수지는 쉽게 다른 원하는 성질을 가지며 필름을 형성한다. 이런 이유로 아크릴 수지가 다른 포화 수지(saturated resin)보다 더 자주 이용된다. 아크릴 공중합체(Acrylic copolymers)가 UV 또는 EB 경화 시스템에 사용되나 아크릴레이트가 꼭 필요하지 않다. 이런 제품을 'full acrylic'라 한다. 아크릴레이트 이중결합이 자유 라디칼, 음이온, 양이온 중합을 통해 포화 아크릴고분자(saturated acrylic(vinyl) polymer)를 형성한다. 이런 포화 수지를 아크릴릭(acrylic)이라 한다. 이중결합을 포함하는 아크릴 올리고머는 가교결합이 가능하다.

이것을 아크릴릭 아크릴레이트(acrylic acrylate)라 한다. 이런 공중합에 쓰이는 모노머들은 펜던트 산, 산무수무물, 수산기, 글리시딜 그룹을 포함하며 불포화 모노머와 반응함으로써 가능하다.

반응석 희석제와 공중합성 모노머를 구별해 보면 반응성 희석제는 TPGDA가 같이 첨가되어 점도를 감소시키므로 희석제라 한다.

공중합성 모노머(Copolymerizable monomer)는 모노머라 하는데 이것은 UV나 EB에 의해 광조사되기 전에 공중합되어 고분자 구조를 이루게 되는 원료를 의미한다.

예로 무수말레인산(maleic anhydride), 푸마릭산(fumaric acid), 이타코닉 산무수물(itaconic anhydride), 알릴알코올(allyl alcohol), 싸이클로 펜타디엔(cyclopentadiene), 아크릴산(acrylic acid), 메타아크릴산(methacrylic acid), 아크릴아마이드(acrylamide), 하이드록시 에틸 아크릴레이트(hydroxyethyl acrylate), 글리시딜 아크릴레이트(glycidyl acrylate)가 쓰인다. 이들 원료 중 어떤 것들은 독성이 있고 피부자극이 심한 경우도 있다. UV 경화에서 반응성순서는 아크릴레이트 > 메타아크릴레이트 > 알릴 > 비닐 > 내부 순이다.

그러나 열경화나 산화환원 개시 자유라디칼에서는 이 순서가 일반적으로 중요하지 않다. 아크릴 수지는 UV나 EB 경화에 쓰이는 어떤 원료들보다 분자량이 크기 때문에 일반적으로 표면 코팅에 사용된다. 용제형 아크릴 수지는 분사량이 20,000~30,000 정도나. UV나 EB 시스템에 사용되기 위해서는 분자량이 작을수록 좋다. 왜냐하면 아크릴 수지를 녹이는 데 사용되는 용제보다 반응성 희석제가 용해력이 훨씬 낮기 때문이다.

반응은 다음과 같이 이루어진다.

1) 개시반응(Initiation)

$$\text{Initiator} \longrightarrow 2\ R'\cdot$$

$$R'\cdot + M \longrightarrow R1\cdot$$

2) 성장반응(Propagation)

$$R1\cdot + M \longrightarrow R2\cdot$$

$$Rn\cdot + M \longrightarrow Rn+1\cdot$$

3) 연쇄이동반응(Chain transfer)

$$Rn\cdot + YZ \longrightarrow RnY+Z\cdot$$

4) 종결반응(Termination)

$$Rn\cdot + Rm\cdot \longrightarrow P_n+m$$

$$Rn\cdot + Rm\cdot \longrightarrow P_n+m$$

여기서 M은 모노머, R'는 개시제로부터 생성되는 라디칼이며, Rn·은 중합도가 n인 성장된 라디칼이다. 또한 YZ는 용매, 모노머, 개시제 또는 중합체분자 등과 같은 것에 연쇄이동하는 연쇄이동제이며, Pn은 활성이 없어진 최종 폴리머를 나타낸다.

아크릴 수지의 중합방법
1) 벌크(Bulk)중합
2) 용액(Solution)중합
3) 유화(Emulsion)중합
4) 분산(Dispersion)중합

1) 벌크중합

모노머와 개시제를 넣어 용제 없이 중합하는 것이며 발열반응이 일어날 때 열을 제거하는 것이 매우 중요하다.

2) 용액 중합

모노머, 용매, 개시제를 사용하는 중합으로 용매를 사용하기 때문에 중합체의 분자량은 다른 중합법에 비하여 낮고 또 중합속도도 느리다. 따라서 열조절이 용이하고 균일한 중합체를 효율 좋게 제조할 수 있다. 중합방법으로는 환류(reflux) 기술이 일반적으로 사용된다. 분자량은 온도 조절, 개시제량과 사슬 이동제를 사용하여 조절한다. 예로 UV나 EB 분야에서 저분자량을 온도와 개시제 농도를 높게 하면 된다.

3) 분산중합

모노머와 이에 용해하는 개시제를 사용하여 이들을 물속에 넣고 격렬하게 교반시키면서 중합하는 방법. 특별한 분리, 수세, 건조 장치가 필요.

4) 유화중합

유기화합물과 물은 분리되기 때문에 여기에 계면활성제를 넣고 수용성 개시제를 넣어 라디칼을 형성시켜 중합하는 방법.

아크릴 수지와 아크릴 아크릴레이트는 구별되는데
 - 아크릴 수지: 열가소성 아크릴 수지, 아크릴레이트가 없음
 - 아크릴 아크릴레이트: 열경화성 수지, 아크릴레이트가 존재함

자유 라디칼은 개시제의 열분해나 산화환원반응에 의해 발생된다.
용액 중합에 가장 많이 쓰이는 개시제는 열분해 형태인 과산화불이나 아

조화합물이다. 방법은 약간의 개시제는 초기에 존재시키고 모노머 부가가 끝날 때까지 연속해서 일정하게 나누어 투입한다. 모노머는 초기에 보통 가해지고 그 다음 연속해서 또는 단계별로 일정하게 나누어 발열을 제어하면서 투입한다.

용제는 일반적으로 반응용기에 초기에 투입한다.

반응조절은 일반적으로 반응 혼합물의 고형분을 측정한다. 이것은 미반응 모노머의 양을 말한다.

(i) 모노머 선정에 영향을 주는 인자

경질, 연질 모노머들이 고분자 주성분을 형성하는 데 공중합 될 수 있다.

표 6.7 필름 물성에 대한 모노머의 영향

모노머	필름 물성
Methyl Methacrylate	외구성
	경도
	내오염 및 내수성
Styrene	가격이 저렴
	경도
Butyl and higher alkyl acrylates	유연성
	내수성
Hydroxyalkyl (meth)acrylates	가교를 위한 작용기
Acrylic and methacrylic acids	작용기
	경도
	섭착력
Vinyl Chioride	가격이 저렴
	내구성
	내화학성
Ethylene	가격이 저렴
	유연성
Vinyl Acetate	경도

대부분의 필름은 한 가지 형태 이상의 모노머를 공중합하여 원하는 물성을 얻는다. 예로, 스티렌-부틸 아크릴레이트 공중합체를 보면 경질의 스티

렌이 연질의 부틸 아크릴레이트와 공중합하여 연성화되어 두 가지 각각의
단일중합체를 블렌딩한 것보다 수지 물성이 우수하다.

표 6.8 작용기를 가진 단량체

작용기 그룹	단량체
Carboxyl	Acrylic acid Methacrylic acid
Hydroxyl	Hydroxylethyl acylate and methacrylate Hydroxypropyl acrylate and methacrylate
Anhydride	Maleic anhydride Itaconic anhydride
Epoxide	Glycidyl (acrylate) and methacrylate Alkyl glycidyl ether
Amine	Dimethylaminoethyl methacrylate
Isocyanate	Vinyl and allyl isocyanate
Amide	Acrylamide Methacrylamide Maleimide

$$CH_2=C-C-O-CH_2-CH-CH_2$$

Glycidyl acrylate

$$CH_2=C-C-O-CH_2-CH-CH_2$$

Glycidyl methacrylate

$$CH_2=C-C$$

Acrylamide

$$CH_2=C-C$$

Methacrylamide

그림 6.17 몇 가지 작용기를 가진 단량체

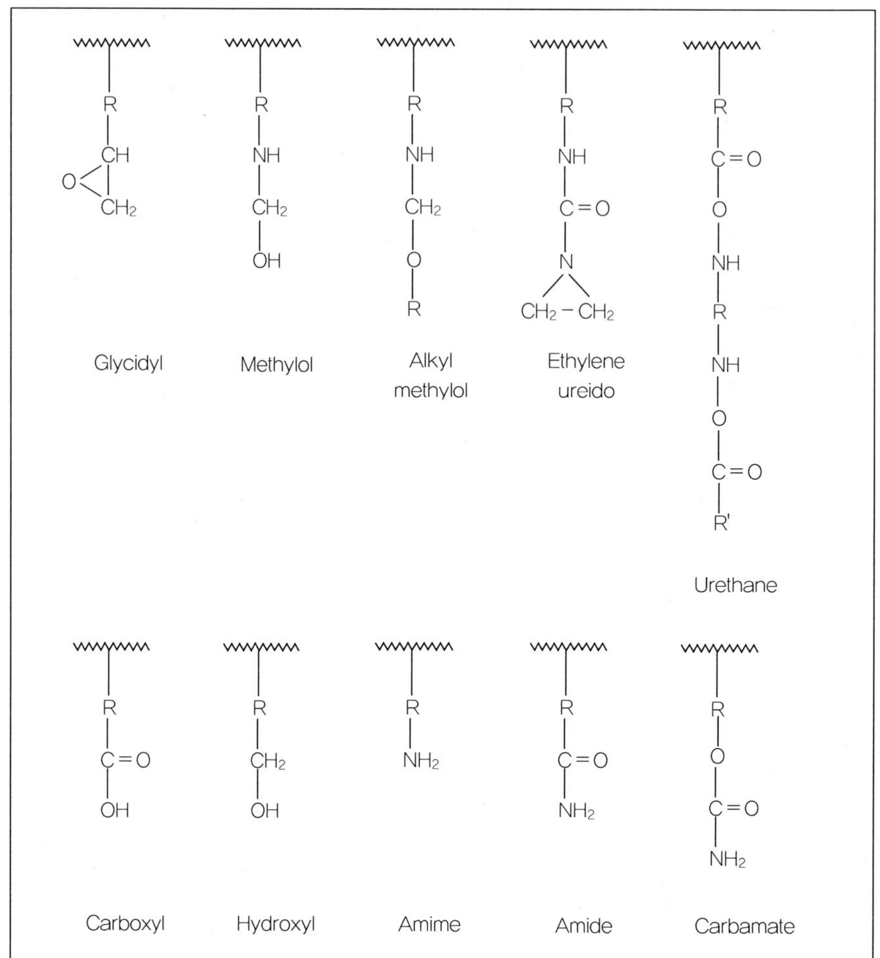

그림 6.18 펜던트 작용기의 예들

표 6.9 비닐 및 아크릴모노머의 물성 비교

모노머	경도	유연성	내알칼리성	UV 안정성	용해성
α − Methyl styrene			Excellent	Very poor	
Styrene			Excellent	Poor	
Vinyl toluene			Excellent	Poor	
Acrylonitrile			Fair/Poor	Fair/Poor	
Methyl methacrylate			Very good	Very good	
Ethyl methacrylate			Excellent	Excellent	
Butyl methacrylate			Excellent	Excellent	
Methyl acrylate			Very good	Poor	
Ethyl acrylate			Very good	Fair / Good	
Butyl acrylate			Very good	Very good	

표 6.10 단일 중합체의 유리전이온도(Tg)

고분자	Tg °K
Polyethylene	148
Polymethylene	155
Poly(cis − butadiene)	171
Poly(2 − ethylhexyl acrylate)	203
Poly(trans − butadiene)	215
Poly(butyl acrylate)	219
Poly(ethyl acrylate)	249
Poly(vinylidine chloride)	255
Poly(2 − hydroxyethyl acrylate)	258
Polypropylene	260
Poly(2 − hydroxypropyl acrylate)	266
Poly(methyl acrylate)	282
Poly(n − butyl methacrylate)	295
Poly(vinyl acetate)	305
Poly(iso − butyl methacrylate)	321
Poly(vinyl pyrrolidone)	327
Poly(2 − hydroxypropyl methacrylate)	328
Poly(ethyl methacrylate)	338
Poly(2 − hydroxypropyl methacrylate)	346
Poly(vinyl chloride)	354
Polystyrene	373
Poly(methyl methacrylate)	378
Poly(acrylic acid)	379
Poly(acrylonitrile)	383
Polyacrylamide	438

표 6.11 대표적인 중합개시제

화학식	구조식	반감기		활성화 에너지	특 성
Benzoyl – Peroxide (BPO)	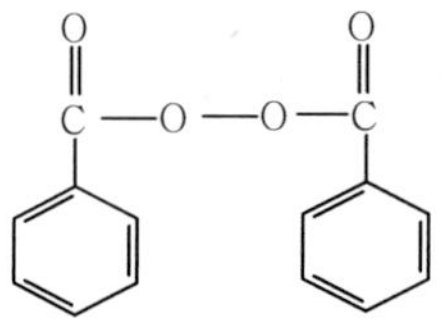 구조식	74	10.0	31.1	일반적, 분말 취급주의요
Di – t – Butyl – Peroxide (DTBPO)	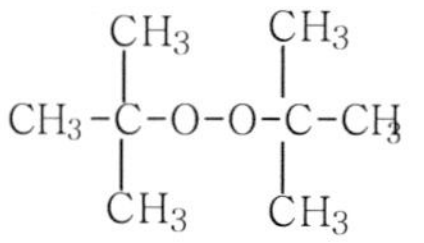 구조식	124	10.0	37.3	액상 고온분해형
Cumene – Hydroperoxide (CHPO)	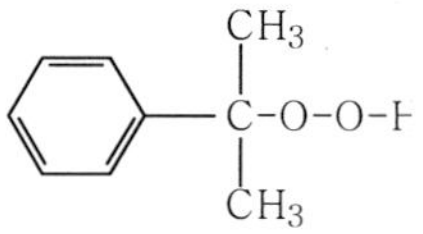 구조식	158	10.0	30.	고온분해형
t – Butyl – Hydroperoxide	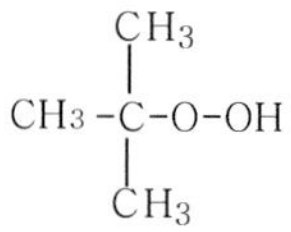 구조식	167	10.0	–	고온분해형
t – Butyl – Peroxy – 2 – Ethylhexanoate	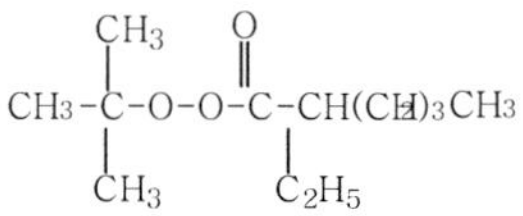 구조식	72.5	10.0	29.2	취급안정
t – Butyl – Peroxy – Benzozte	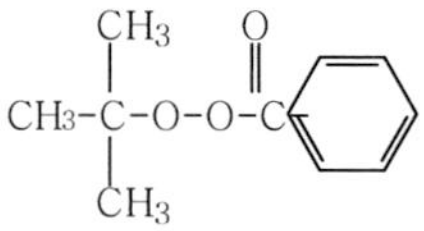 구조식	104	10.0	35.5	취급안정
Azobis – Dimethyl – Valeronitrile (V – 65)	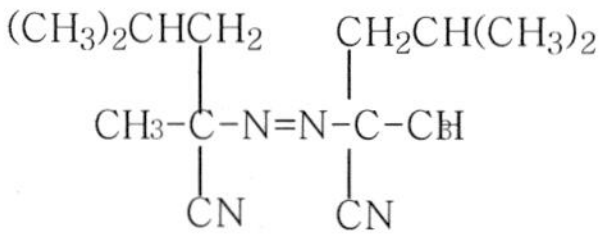 구조식	48	10.0	29	저온분해형용해 도양호
Azobis – isobutyl ronitrile (AIBN)	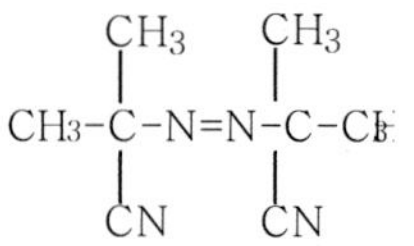 구조식	62	10.0	34	일반적, 분말

반응성 모노머

제7장

1. 개요

광경화에 사용되는 올리고머는 점도가 높아 사용상에 어려움이 있다. 따라서 점도를 낮추기 위하여 반응성 모노머를 사용한다. 기존에는 용제를 사용했으나 환경문제로 사용하기 어렵고 물을 사용할 경우는 비용이 안 드나 상용성에 한계가 있고 물성구현에도 한계가 있다. 이에 광경화 배합에서는 점도가 낮은 모노머를 사용하고 있다. 모노머는 아크릴레이트의 수에 따라 분류를 하는데 보통 아크릴레이트가 1개에서 6개까지 존재한다.

2. 반응성 모노머

2.1 제조

(1) 폴리올 아크릴레이트

- 제조: 직접 에스터 반응(폴리올 + 아크릴산)

ex)

$$CH_2 = CH - \overset{\displaystyle O}{\overset{\|}{C}} - OH \ + \ HO - (CH_2)_6 - OH + HO - \overset{\displaystyle O}{\overset{\|}{C}} - CH = CH_2$$

$$\downarrow \ -2H_2O$$

$$CH_2 = CHC\overset{\displaystyle O}{\overset{\|}{O}}CH_2CH_2CH_2CH_2CH_2CH_2O\overset{\displaystyle O}{\overset{\|}{C}}CH = CH_2$$

그림 7.1 1.6 - Hexanediol diacrylate의 제조 예

- 물과 과잉산의 제거
- 용제: 톨루엔 등
- 금지제: 메틸 하이드로퀴논 1400ppm, 니트론벤젠 140ppm
- 촉매: 0.9% 메탄 술폰산
- 공기 주입
- NaOH 수용액으로 중화 및 수세
- 용제 진공증류

(2) 폴리에테르 아크릴레이트

- 저점도, 에스터 교환반응(transesterification)
- 저온반응

$$
\begin{array}{ccccc}
CH_2OH & & & & CH_2 - [OCH_2CH(CH_3)]_n - OH \\
| & & O & & | \\
CHOH & + & 3n \ CH_2 - CH - CH_3 & \longrightarrow & CH - [OCH_2CH(CH_3)]_n - OH \\
| & & & & | \\
(CH_2)_3 & & \text{propylene oxide} & & (CH_2)_3 \\
| & & & & | \\
CH_2OH & & & & CH_2 - [OCH_2CH(CH_3)]_n - OH \\
\\
\text{1, 2, 6 hexane triol} & & & & \text{polyether polyol}
\end{array}
$$

그림 7.2 폴리에테르 폴리올의 제조 예

$$HO-\boxed{\text{polyether}}-OH \quad + \quad (2+n)\ C_2H_5-O-\overset{\displaystyle O}{\overset{\|}{C}}-CH=CH_2$$

$$(\text{OH})_n \qquad\qquad \text{에틸 아크릴레이트}$$

$$CH_2=\overset{H}{\underset{}{C}}-\overset{O}{\overset{\|}{C}}-O-\boxed{\text{polyether}}-O-\overset{O}{\overset{\|}{C}}-\overset{H}{C}=CH_2 \quad + \quad (n+2)\ C_2H_5OH$$

$$\left(O-\overset{}{C}-\overset{}{C}=CH_2\right)_n$$

그림 7.3 에스터 교환 반응을 이용한 폴리에테르 폴리올의 제조 예

- 전형적인 반응 혼합물은 다음과 같다.

폴리에테르 아크릴레이트	
폴리에테르 폴리올	1 당량
에틸 아크릴레이트	2 당량
금지제	150 ppm
촉매	1.0%

- 에탄올의 제거 반응
- 에틸 아크릴레이트의 과잉은 반응을 완전하게 하기 위함이고 나중에는 진공으로 에틸 아크릴레이트를 제거한다.
- 이 반응은 기존의 글리콜이나 폴리올과 아크릴산의 반응에 대체할 수 있는 반응이다.

2.2 반응성 모노머의 구조 및 물성

1) 단관능 아크릴레이트

(1) Ethylhexyl acrylate(2 – EHA)

: 휘발성이 강하고 강한 냄새가 난다. 경화 속도가 느리다. 연질의 필름
을 얻을 수 있다.

$$CH_2 = CH - \overset{\overset{\displaystyle O}{\|}}{C} - O - CH_2 - \overset{\overset{\displaystyle C_2H_5}{|}}{CH} - (CH_2)_3 - CH_3$$

분자량: 184

(2) Octyl / Decyl acrylate(ODA)

: 점도가 낮아 희석력이 아주 좋다. 냄새도 상대적으로 적은 편이고 유연
성이 우수하다. 내수성도 우수한 편이다.

$$CH_3 - (CH_2)_x - O - \overset{\overset{\displaystyle O}{\|}}{C} - CH = CH_2$$

x = 7, Octyl Acrylate;   분자량: 184

x = 9, Decyl Acrylate;   분자량: 212

(3) 긴 사슬의 아크릴레이트

이소데실[isodecyl(IDA)], 로릴[lauryl(LA)], 스테아릴[stearyl(SA)]이 있다.
휘발성이 낮은 편이고 점도 희석력이 우수하다.

IDA

$$CH_3-\underset{\underset{CH_3}{|}}{CH}-(CH_2)_7-O-\underset{\underset{}{\overset{O}{\|}}}{C}-CH=CH_2$$

분자량: 212

LA

$$CH_3-(CH_2)_{11}-O-\underset{\underset{}{\overset{O}{\|}}}{C}-CH=CH_2$$

분자량: 240

SA

$$CH_3-(CH_2)_{17}-O-\underset{\underset{}{\overset{O}{\|}}}{C}-CH=CH_2$$

분자량: 324

TDMA

$$CH_3-(CH_2)_{12}-O-\underset{\overset{O}{\|}}{C}-\underset{\overset{CH_3}{|}}{CH}=CH_2$$

분자량: 268

(4) Hydroxy alkyl acrylate

Hydroxyethyl acrylate(2 − HEA)

접착력이 우수하나 냄새가 강하고 피부자극성이 매우 높다.

Hydroxypropyl acrylate(2 − HPA):

2 − HEA를 대체 사용가능하고 2 − HEA보다는 경화 속도가 느린 편이다.

2 HEA

$$HO-CH_2-CH_2-O-\underset{\overset{O}{\|}}{C}-CH=CH_2$$

분자량: 116

2 HPA

$$HO-CH_2-CH_2-CH_2-O-\underset{\overset{O}{\|}}{C}-CH=CH_2$$

분자량: 130

(5) Phenoxyethyl acrylate(PEA)

페놀에 에틸렌 옥사이드를 1몰 부가한 제품이어서 페놀 냄새가 약간 난
다. 반응성은 우수한 편이고 체적 수축률이 낮다. 접착력이 우수하고 연성
도 우수하다.

$$\text{C}_6\text{H}_5 - \text{O} - \text{CH}_2 - \text{CH}_2 - \text{O} - \overset{\displaystyle O}{\overset{\displaystyle \|}{\text{C}}} - \text{CH} = \text{CH}_2$$

분자량: 192

(6) Nonyl phenol ethoxylate acrylate(NPEOA)

wetting성이 우수하고 체적 수축이 거의 없다. 접착제용으로 우수하다.
점도가 상대적으로 높은 편이고 경화가 느리다.

$$\text{C}_9\text{H}_{19} - \text{C}_6\text{H}_4 - \text{O} - (\text{CH}_2\text{CH}_2\text{O})_n - \overset{\displaystyle O}{\overset{\displaystyle \|}{\text{C}}} - \text{CH} = \text{CH}_2$$

(7) β – Carboxylethyl acrylate(β – CEA)

접착력이 우수하고 점도 희석력도 우수하다.
경화 속도도 우수하나 냄새가 많이 난다.
유연하고 유리전이온도도 낮다.

$$\text{CH}_2 = \text{CH} - \overset{\displaystyle O}{\overset{\displaystyle \|}{\text{C}}} - \text{O} - (\text{CH}_2 - \text{CH}_2 - \overset{\displaystyle O}{\overset{\displaystyle \|}{\text{C}}} - \text{O})_n - \text{H}$$

Average n = 1

분자량: 144

(8) Isobornyl acrylate(IBOA)

휘발성이 낮다. 색상도 좋다.

내스크래치성도 우수하고 체적 수축도 적어서 접착력이 우수하다.

내수성이 우수하고 독성도 낮은 편이다.

특이한 냄새가 있다.

(9) Tetrahydrofurfuryl acrylate(THFA) and methacrylate(THFMA)

THFA: 점도 희석력이 매우 우수하다. 반응성도 우수하다. 체적 수축률도 우수하여 접착력이 우수하고 내스크래치성도 우수하나 강한 냄새가 난다. 피부자극성이 높다.

(10) Dicyclopentenyl acrylate(DCPA)

점도가 낮고 접착력이 우수하다. 반응성이 우수하고 경도도 우수하고 내
용제성도 우수하다.

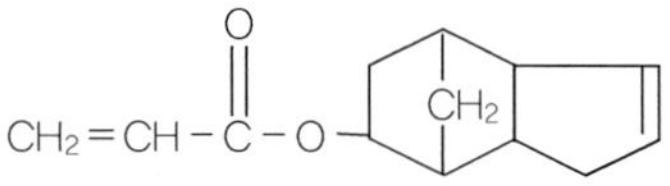

$$CH_2 = CH - \overset{\displaystyle O}{\overset{\|}{C}} - O - \text{(dicyclopentenyl ring with } CH_2 \text{)}$$

분자량: 204

(11) Dicyclopentenyl oxyethylacrylate(DCPEOA)

휘발성이 낮고 반응성이 우수하다. 체적 수축이 낮으나 희석력은 보통이다.

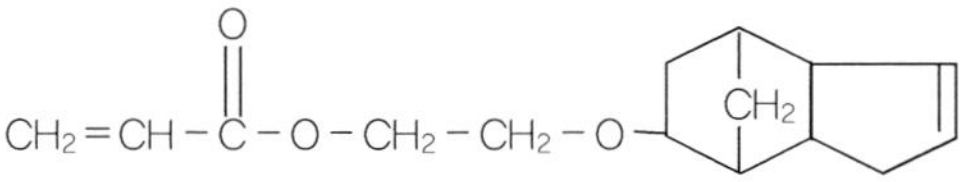

$$CH_2 = CH - \overset{\displaystyle O}{\overset{\|}{C}} - O - CH_2 - CH_2 - O - \text{(dicyclopentenyl ring with } CH_2 \text{)}$$

분자량: 248

(12) Propylene Glycol monoacrylate(MPPGA) and methacrylate(MPPGMA)

자극성이 낮다. 경화 속도가 느린 편이다.

MPPGA

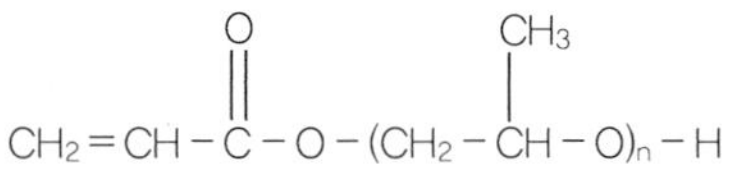

$$CH_2 = CH - \overset{\displaystyle O}{\overset{\|}{C}} - O - (CH_2 - \overset{\displaystyle CH_3}{\overset{\|}{CH}} - O)_n - H$$

MPPGMA

$$CH_2 = \overset{\displaystyle CH_3}{\overset{\|}{C}} - \overset{\displaystyle O}{\overset{\|}{C}} - O - (CH_2 - \overset{\displaystyle CH_3}{\overset{\|}{CH}} - O)_n - H$$

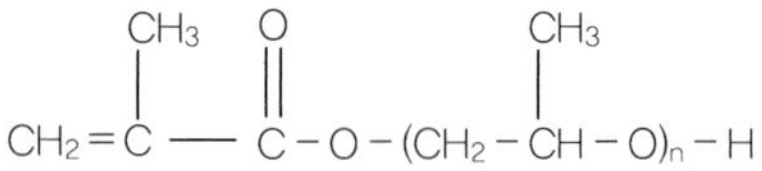

(13) 2 – (2 – Ethoxyethoxy) ethyl acrylate(EOEOEA)

점도가 낮고 희석력이 매우 우수하다. 유리전이 온도가 낮아 매우 연성이다.
경화 속도도 우수하고 접착력도 우수하나 피부자극성이 높다.

$$CH_2 = CH - \overset{\overset{\textstyle O}{\|}}{C} - O - CH_2 - CH_2 - O - CH_2 - CH_2 - O - CH_2 - CH_3$$

분자량: 188

2) 2관능 모노머

Butanediol Diacrylate(BDDA)
경화 속도가 빠르다. 점도가 낮다.
피부자극성이 높다(PII 값 = 6.0).

BDDA

$$CH_2 = CH - \overset{\overset{\textstyle O}{\|}}{C} - O - CH_2 - CH_2 - CH_2 - CH_2 - O - \overset{\overset{\textstyle O}{\|}}{C} - CH = CH_2$$

분자량: 198

BGDMA

$$CH_2 = \overset{\overset{\textstyle CH_3}{|}}{C} - \overset{\overset{\textstyle O}{\|}}{C} - O - CH_2 - CH_2 - \overset{\overset{\textstyle CH_3}{|}}{CH} - O - \overset{\overset{\textstyle O}{\|}}{C} - \overset{\overset{\textstyle CH_3}{|}}{C} = CH_2$$

분자량: 226

1, 6 Hexanediol Diacrylate(HDDA) and Dimethacrylate(HDDMA)
점도기 낮아서(10cps) 희석력이 우수하다.

경화 속도가 빠르고 내후성도 우수한 편이다.

피부자극성이 높다.

Neopentyl Glycol Diacrylate(NPGDA)

경화 속도 우수하고 경도도 우수하다. 점도 희석력도 우수하나 발암물질로 의심되고 있다.

Ethylene Glycol Dimethacrylate(EGDMA)

: 가교제로 많이 사용된다.

Diethylene Glycol Diacrylate(DEGDA) and Dimethacrylate(DEGDMA)

: 점도가 낮고 경화 속도가 우수하다.

DEGDA

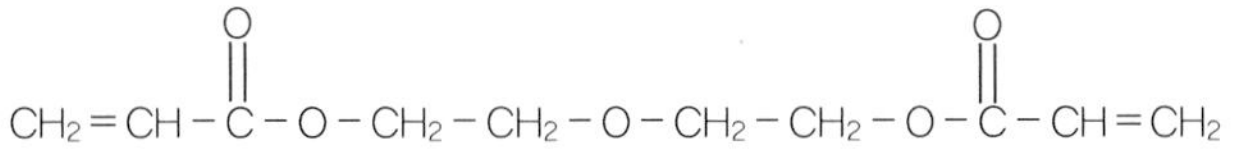

분자량: 214

DEGDMA

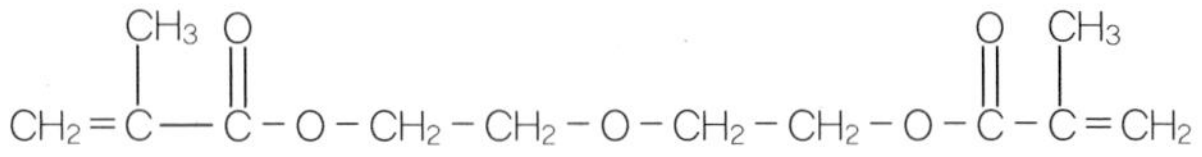

분자량: 242

Triethylene Glycol Diacrylate(TEGDA) and Dimethacrylate(TEGDMA)

TEGDA – 점도희석력이 우수하다 반응성이 좋다.

TEGDA

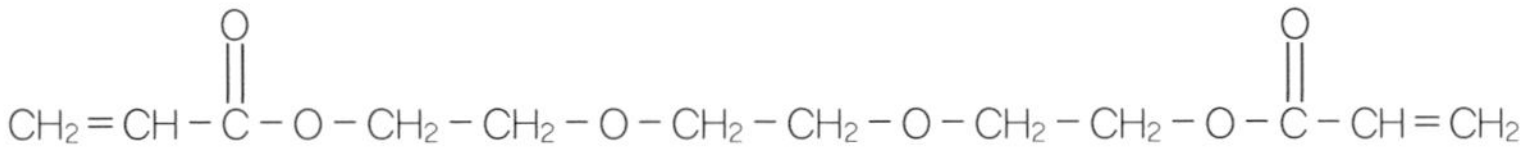

분자량: 258

TEGDMA

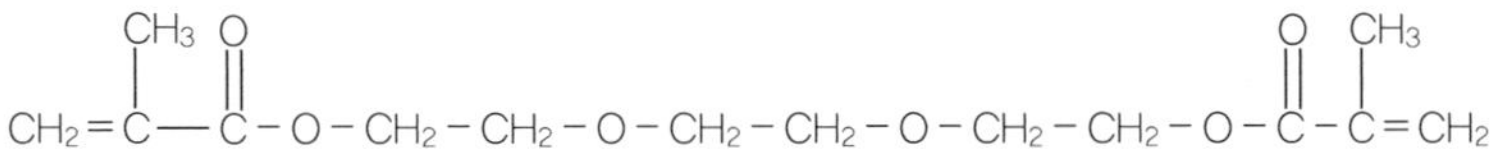

분자량: 286

Tetraethylene Glycol Diacrylate(TTEGDA) and Dimethacrylate(TTEGDMA)

TTEGDA: 점도가 낮고 경도가 우수하다.

TTEGDA

$$CH_2=CH-\overset{\overset{\displaystyle O}{\|}}{C}-O-(CH_2-CH_2-O)_4-\overset{\overset{\displaystyle O}{\|}}{C}-CH=CH_2$$

분자량: 302

TTEFDMA

$$CH_2=\overset{\overset{\displaystyle CH_3}{|}}{C}-\overset{\overset{\displaystyle O}{\|}}{C}-O-(CH_2-CH_2-O)_4-\overset{\overset{\displaystyle O}{\|}}{C}-\overset{\overset{\displaystyle CH_3}{|}}{C}=CH_2$$

분자량: 330

Polyethylene Glycol Diacrylate(PEGDA) and Dimethacrylate(PEGDMA)

Polyethylene glycol – 분자량이 다양하다(200, 400, 600).

PEGDA – 경화 속도가 매우 빠르다. 유연성이 좋다. 수축률이 낮다.
분자량이 높을수록 수축률이 낮아지고 접착력이 좋아진다.

$$CH_2=CH-\overset{\overset{\displaystyle O}{\|}}{C}-O-(CH_2-CH_2-O)_n-\overset{\overset{\displaystyle O}{\|}}{C}-CH=CH_2$$

$Y = H$	PEG 200DA	$\bar{n}≒4$ 분자량: 302	
	PEG 400DA	$\bar{n}≒9$ 분자량: 508	
$Y = H_3$	PEG 200DA	$\bar{n}≒4$ 분자량: 330	

$n=4$이면 PEG200DA와 TTEGDA는 구조가 같다. 그러나 분자량 분포는
다르다. PEG200DA가 분포가 넓다.

에톡시화가 많으면 많을수록 더 극성이 되고 수용성이 되기 쉽다.

예) PEG200DA<PEG400DA<PEG600DA

Dipropylene Glycol Diacrylate(DPGDA)

TPGDA와 비교하여 반응성, 접착력, 희석력이 우수하나 유연성, 내용제

성, 내스크래치성이 부족하다.

DPGDA = HDDA(경화 속도, 경도) + TPGDA(유연성)

PII 값이 DPGDA는 5이고 TPGDA는 3이다.

$$CH_2{=}CH-\overset{\displaystyle O}{\overset{\|}{C}}-O-CH_2-\overset{\displaystyle CH_3}{\overset{|}{CH}}-O-CH_2-\overset{\displaystyle CH_3}{\overset{|}{CH}}-O-\overset{\displaystyle O}{\overset{\|}{C}}-CH{=}CH_2$$

분자량: 242

Tripropylene Glycol Diacrylate(TPGDA)

다관능 모노머 중에서 가장 많이 사용된다. 희석력, 반응성이 우수하고 상용성이 우수하다.

$$CH_2{=}CH-\overset{\displaystyle O}{\overset{\|}{C}}-O-CH_2-\overset{\displaystyle CH_3}{\overset{|}{CH}}-O-CH_2-\overset{\displaystyle CH_3}{\overset{|}{CH}}-O-CH_2-\overset{\displaystyle CH_3}{\overset{|}{CH}}-O-\overset{\displaystyle O}{\overset{\|}{C}}-CH{=}CH_2$$

분자량: 300

Ethoxylated and Propoxylated NeopentylGlycol Diacrylate(NPEOGDA) and (NPPOGDA)

NPPOGDA – 희석력이 우수하고 유연성이 좋다. 독성과 자극성이 낮다. 특히 안료 분산성이 우수하여 잉크 등에 많이 사용된다.

$$H_2C{=}CH-\overset{\displaystyle O}{\overset{\|}{C}}-O-(\overset{\displaystyle Y}{\overset{|}{CH}}-CH_2-O)_n-CH_2-\overset{\displaystyle CH_3}{\overset{|}{\underset{\underset{\textstyle CH_3}{|}}{C}}}-CH_2-(O-CH_2-\overset{\displaystyle Y}{\overset{|}{CH}})_n-O-\overset{\displaystyle O}{\overset{\|}{C}}-CH{=}CH_2$$

Y = H; NPEOGDA   Y = CH_3; NPPOGDA

분자량: 328

Bisphenol A ethoxyleted diacrylate(BPAEODA, DDA)

경화 속도가 빠르고 잉크에 프린팅 특성이 우수하다.

굴절률이 높다.

Tetrabromo bisphenol A diacrylate(TBDA)

경화 속도가 빠르고 굴절률이 매우 높다.

난연성이 우수하다.

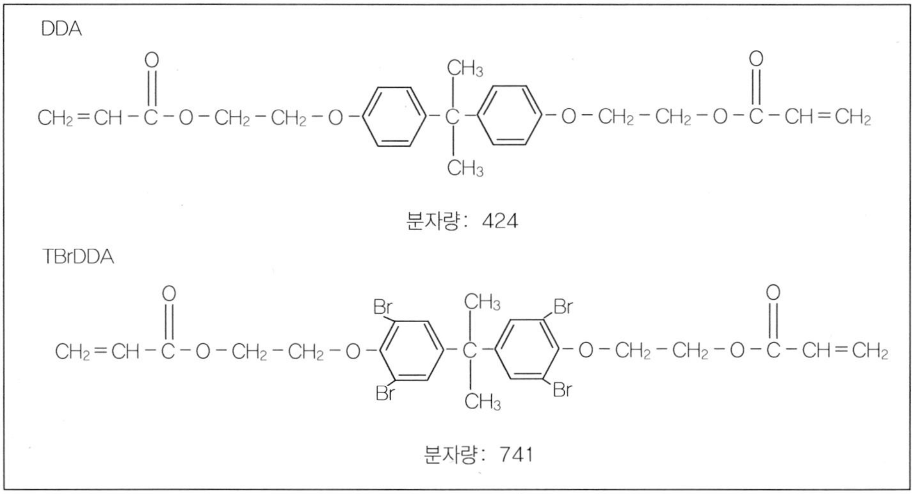

3) 3관능 모노머

Trimethylolpropane triacrylate(TMPTA) and trimethacrylate(TMPTMA)

TMPTA: 상대적으로 높은 점도를 갖는다. 반응성이 우수하고 가교밀도가 높다. 내화학성이 우수하고 경도가 우수하다. 내마모성도 우수하다.

TMPTMA: TMPTA보다 더 높은 경도를 갖는다. 고무, 플라스틱 가교제로 이용되고 있다.

TMPTA

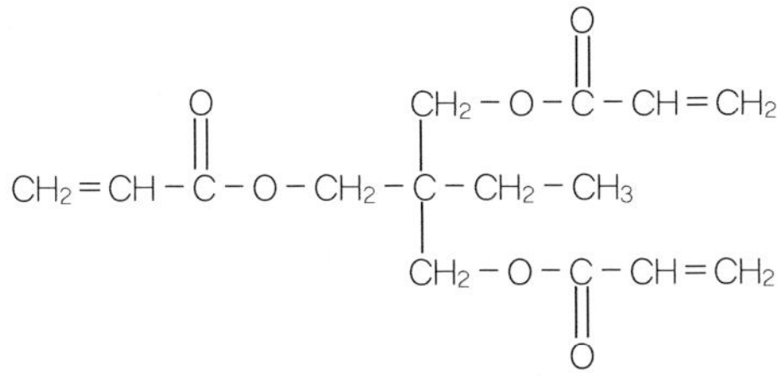

분자량: 296

TMPTMA

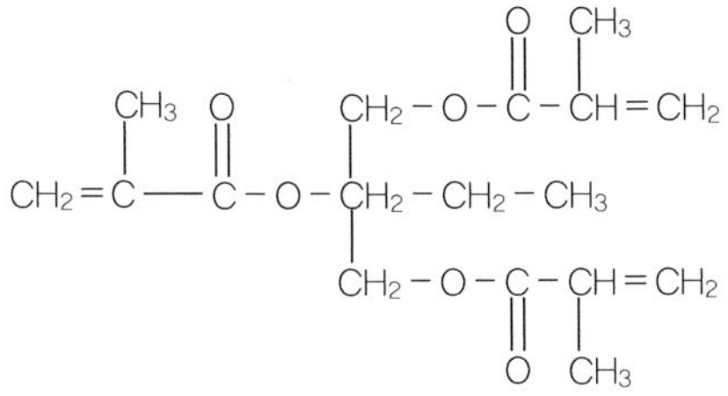

분자량: 338

Pentaerythritol triacrylate(PETA)

pentaerythritol tetraacrylate(PETTA)와 혼합물이다. 증기압이 매우 낮고 점도가 높다. 반응성이 우수하고 가교밀도가 높다. 내화학성이 우수하다.

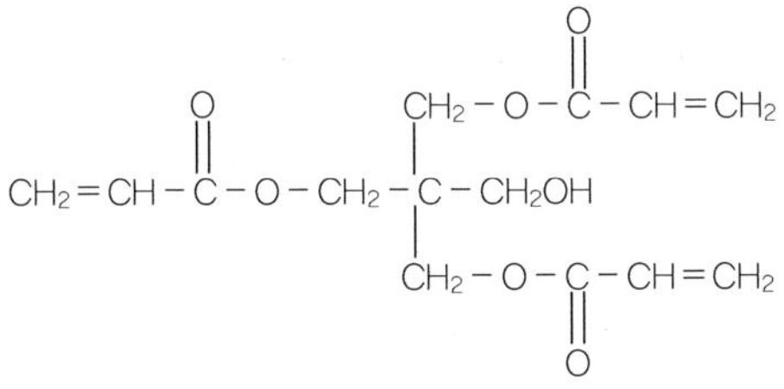

분자량: 298

Ethoxylated and Propoxylated Trimethylolpropane Triacrylate(TMPEOTA) and (TMPPOTA)

TMPEOTA: 반응성이 우수하고 연성이 부여되어 내크랙성이 좋다. 접착력도 우수하다.

TMPPOTA: 경화 속도는 보통이고 잉크에 안료 분산력이 좋다.

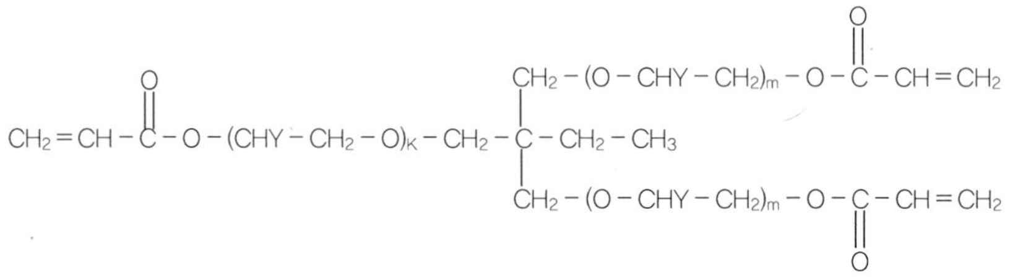

Y=H

TMPEOTA	k=m=n=1	분자량: 428	Y=CH_3
TMPEOEOTA	k+m+n≃120	분자량: 1000	TMPPOTA

Glyceryl Propoxylated Triacrylate(GPTA)

GPTA: 반응성이 우수하고 내화학성도 우수하다.

GPPOTA: PO가 더 많을수록 연성이 우수하고 자극성이 낮다. 안료 분산력도 우수하여 잉크 분야에 많이 사용된다.

GPTA

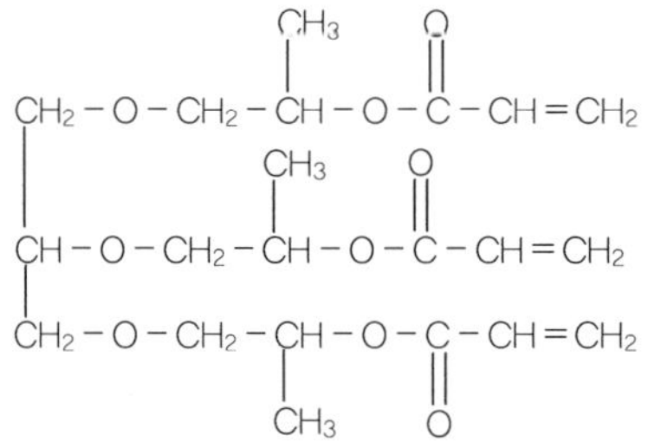

분자량: 428

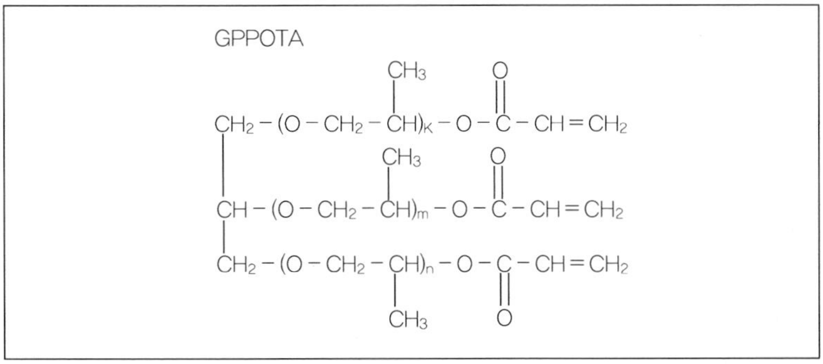

GPPOTA

Tris(2 – Hydroxyethyl) Isocyanurate Triacryalte(THEICTA)

흰색의 왁스상의 고체 형태이다. 반응성이 빠르다. 접착력이 좋고 내화학성이 우수하다. 안료 분산력도 양호한 편이다.

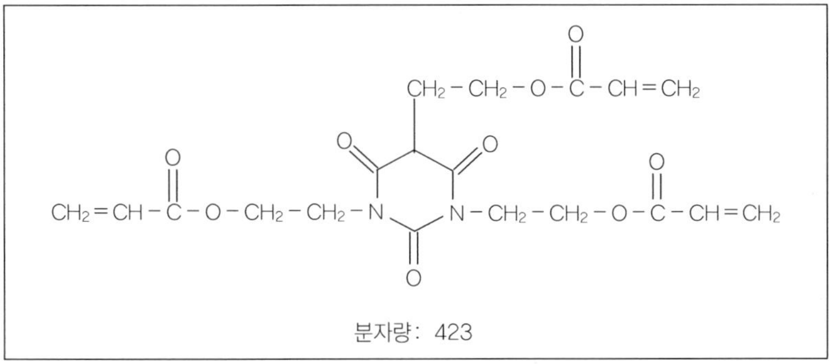

분자량: 423

4) 더 높은 관능기를 가진 아크릴레이트

Pentaerythritol Tetraacrylate(PETTA)

상온에서 거의 고체 상태이다. 내스크래치성이 우수하고 가교밀도가 매우 높다. 반응성이 매우 빠르다.

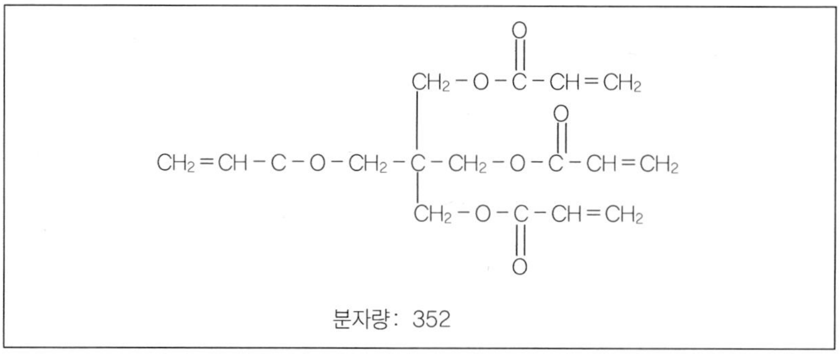

분자량: 352

Dipentaerythritol Pentaacrylate(DPPA)

점도가 매우 높고 가교밀도도 높다. 내화학성, 반응성, 내마모성이 우수하
다. 분산성도 우수하다. 자극성이 매우 낮다.

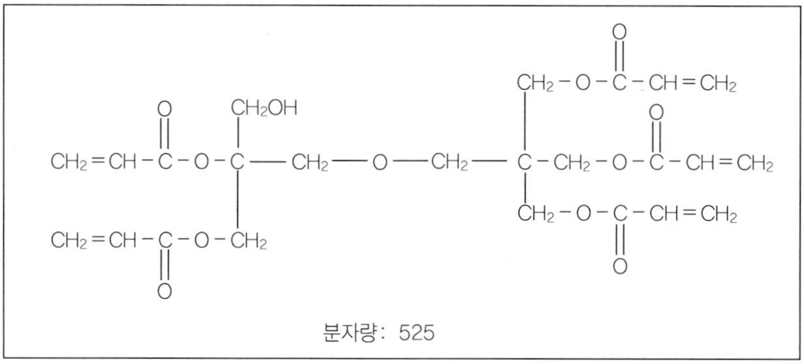

분자량: 525

Ditrimethylolpropane tetraacrylate(DTMPTTA)

가교밀도가 높고 내스크래치성이 좋다. 자극성이 매우 낮다(0.5).

$$CH_2=CH-\overset{\displaystyle O}{\overset{\|}{C}}-O-CH_2 \qquad CH_2-O-\overset{\displaystyle O}{\overset{\|}{C}}-CH=CH_2$$

$$CH_3-CH_2-\overset{|}{C}-O-\overset{|}{C}-CH_2-CH_3$$

$$CH_2=CH-\underset{\underset{\displaystyle O}{\|}}{C}-O-CH_2 \qquad CH_2-O-\underset{\underset{\displaystyle O}{\|}}{C}-CH=CH_2$$

분자량: 438

2.3 모노머 선정 시 영향을 주는 인자

(1) 희석력(diluency)

희석성이 좋은 정도는 아마도 모노머의 특징 중에 가장 중요한 요소라 할 수 있을 것이며, 모노머의 선택 시 일반적으로 가장 먼저 고려되는 것이라 할 수 있다.

표 7.1 각종 모노머 혼합계의 점도

UV 경화조성물 배합		점도 (mPa · s)	
3관능 모노머 (점도 mPa · s/25℃)	2관능 모노머 (점도 mPa · s/25℃)	25℃	40℃
PETA (900)	PEGDA (n = 4)	46.1	25.1
	PEGDA (n = 13) (110)	101.0	52.0
	HDDA (6.5)	34.7	16.1
	NDDA	39.8	24.4
TMPTA (60)	PEGDA (n = 4)	36.9	23.9
	PEGDA (n = 13) (110)	80.7	38.5
	HDDA (6.5)	20.3	12.8
	NDDA	24.1	16.1

(2) 반응성

일반적으로 반응성을 보면 관능기가 많을수록 반응이 빠르다.

100% 올리고머에 다관능 모노머를 첨가하는 것은 점도를 줄이고 가교
결합력을 증가시키며, 경도와 화학적인 저항성을 향상시킬 뿐만 아니라, 경
화 속도 또한 증가시킨다. 반응성은 온도를 올리면 중합속도는 증가하게 된다.

표 7.2 아크릴레이트, 메타아크릴레이트의 광중합속도

모노머	중합속도 (%/s)		50% 반응시간 (s)	Ea (kcal/mol)
	30℃	50℃	50℃	50℃
LA	2.51	4.21	17.7	5.04
LMA	–	–	–	–
EHA	1.73	2.21	–	–
EHMA	–	–	–	–
HEA	13.9	25.7	6.5	5.94
HEMA	4.25	6.41	8.5	4.00
EGDA	12.5	22.4	3.9	5.68
EGDMA	2.11	3.16	–	3.98
BGDA	11.7	25.2	4.3	7.47
BGDMA	–	–	–	–
HDDA	14.8	23.2	4.3	4.38
HDDMA	3.23	4.52	–	3.27
DMGDA	–	22.5	5.6	–
DMGDMA	–	–	–	–
NPGDA	9.6	22.0	4.3	8.08
NPGDMA	2.79	3.81	–	3.03
DEGDA	19.8	29.7	3.5	3.95
DEGDMA	–	–	–	–
TEGDA	22.1	30.3	2.9	3.07
TEGDMA	6.64	11.1	–	5.00
TMPTA	14.2	17.1	5.2	1.81
TMPTMA	3.24	4.19	–	2.50
PET_4 A	10.0	14.5	5.7	3.62
PET_4 MA	–	–	–	–

(3) 경화 필름의 인장력

경화된 코팅의 가장 중요한 두 가지 특징은 장력의 세기와 신장력이다.
장력의 세기는 기본적으로 필름자체의 세기에 의존되며 신장력은 필름의

구부러짐 정도에 의존되는 특징들이다. 장력은 일반적으로 가교 밀도가 증가함에 따라 증가되며, 구부러짐 정도는 일반적으로 가교 밀도를 증가함에 따라 감소된다.

경도는 마모에 대한 저항력을 좋게 해 주는 데 필요한 코팅의 중요한 특징 중의 하나이다.

표 7.3 몇 가지 단량체의 인장강도 및 신장율

Product	Functionality	Tensile Strength p.s.i.	% Elongation to Break
PEG 200DA	2	1880	3.8
TPGDA	2	2950	10.8
ADA (Photomer 4127)	2	4380	19.8
TMPTA	3	4500	2.0
GPTA (Photomer 4094)	3	3400	9.5

표 7.4 BGEDA / Acryl monomer (20중량%첨가)조성물의 성질

	BGEDA	BGEDA + PEGDA	BGEDA + EHA	BGEDA + HBA	BGEDA + TMPTA
Modulus (Mpa)	2,400	1,200	800	–	2,100
인장강도 (Mpa)	61.0	42.5	97.5	–	49.0
신율 (%)	3.4	4.5	5.5	–	2.8
Tg (℃)	122	106	100	100	146

(4) 표면장력

표면장력은 코팅에 영향을 주며 모노머의 여러 물성에 영향을 준다.

단량체	표면장력(25℃) dyne / cm
GPTA	36.2
HDDA	34.8
ODA	28.3
TMPEOTA	37.3
TMPTA	35.3
TMPTMA	33.3
TPGDA	32.4
TTEGDA	39.3
PEG 200DA	40.3

(5) 체적 수축

체적 수축은 금속, 유리, 플라스틱 등에 경화했을 때, 부착성이 안 좋아지고, 종이나 필름 등이 휘게 되는 주요한 원인이 된다.

표 7.6 모노머의 분자량과 수축율

모노머	분자량	수축율
ethylene	28	66.0
vinyl chloride	63	34.4
acrylo nitrile	53	31.0
vinylidene chloride	97	28.7
methacrylo nitrile	67	27.0
allyl methacrylate	112	21.6
methyl methacrylate	100	21.2
vinyl acetate	86	20.9
ethyl methacrylate	114	17.8
n-propyl methacrylate	128	15.0
styrene	104	14.5
n-butyl methacrylate	142	14.3
cyclohexyl acylate	154	14.0
N-vinyl pyrrolidone	111	13.0
cyclohexyl methacrylate	168	12.5
tetra hydrofurfuryl methacrylate	170	12.5
dicyclo pentenyloxy ethyl acrylate	248	12.5

모노머	분자량	수축율
dicyclo pentenyloxy ethyl methacrylate	262	8.7
isobornyl acrylate	208	8.2
dicyclo pentenyl acrylate	204	8.0
N-vinyl carbazole	193	7.5

표 7.7 TMPTA와 환상 에테르부가체의 성질

모노머의 종류		분자량	Acryl당량(g / mol)	경화수축(%)
TMPTA		296	99	12.5
TMP (EO)3 TA	(n = 3)	428	143	9.1
TMP (PO)3 TA	(n = 3)	470	157	9.3
TMP (PO)6 TA	(n = 6)	644	215	8.1

표 7.8 UV경화 조성물의 경화반응과 경화피막, 지지체(기관)의 접착성

UV 경화조성물배합			UA 경화반응		경화피막 · 지지체(기관)의 접착성		
3관능 모노머	2관능 모노머	표면장력 (mN/m)	노광량 (mj/cm²)	반응율 (%)	노광량 (mj/cm²)	지지체(기관)의 접착 (표면장력 mN/m) PET (43)	PVC (39)
PETA	PEGDA (n = 4)	27.2	1250	60	1000	1/100	85/100
	PEGDA (n = 3)	28.1	1250	75	1000	3/100	94/100
	HDDA	25.5	1250	45	1000	0/100	35/100
	NDDA	26.5	1250	50	1000	0/100	50/100
TMPTA	PEGDA (n = 4)	26.5	1250	80	1000	0/100	74/100
	PEGDA (n = 13)	27.1	1250	90	1000	2/100	95/100
	HDDA	25.4	1250	60	1000	0/100	24/100
	NDDA	26.7	1250	60	1000	0/100	42/100

(6) 휘발성 및 냄새

냄새가 강한 것은 일반적으로 휘발성과 관련이 되어 있다.

최근 음식 포장용 등에 광경화 코팅을 사용하고 있기 때문에 모노머 등의 독성이 낮은 것이 많이 요구되고 있다. 일부 광개시제가 독한 냄새를 유발하는 경우도 있다. 그 예로 벤조페논이 있는데, 이런 것은 대개가 저취용 응용 분야(low odour application)에 알맞지 않다. 일반적으로 글리콜에 알콕시화(alkoxylation)한 것들은 독성이 감소된다.

표 7.9 다관능 아크릴레이트 독성

품 명	분자량	점도(cps)	경구독성(rat) (mg/kg)	PII
DEGDA	214	6~8	LD_{50} 1568	6.8
NPGDA	212	5~6	′ 6700	4.96
HDDA	226	4~6	′ 7228	6.0 6.2
HPNDA	312	15~20	′ 4600	1.25
TMPTA	295	50~150	′ 5000	3.75 2.2
PETA	298	600~900	′ 2460	4.3 2.5
DPHA	578	3000~6000	′ 3000	0.54

(7) 내후성

모노머를 선택하는 데 있어서 고려되어야 할 것에는 황변(yellowing)이 일어나는지의 여부도 포함된다. 황변이 일어나지 않는 가장 좋은 모노머 중의 하나는 HDDA이다.

(8) 칼라 및 안정성

많은 모노머의 적용 부분에 있어서 칼라는 그리 중요하지는 않으나, 투명한 상도 코팅의 경우 칼라는 매우 중요한 부분을 차지한다. 모노머의 저장과 취급하는 상태나 방법도 칼라가 나빠지지 않게 하는 필수 요소 중의 하나이다.

(9) 피부자극성

피부자극성은 PII(Primary Skin Irritation Index)라고 하고 Draize value라고도 한다. 보통 0에서 8까지 있는데 7 이상은 심하고 3에서 6은 중간 정도이고 3 이하는 자극이 적다고 할 수 있다. 사용상에는 3.5 이하가 우선적으로 사용된다.

아래에 피부자극지수와 평가방법을 나타내었다.

표 7.10 PII와 평가

PII의 범위	평 가
0	none
0.05~1	trace
1~2	slight
2~5	minor
5~6	moderate
6~8	strong

표 7.11 1차 피부 자극율표

No	피 부	홍 반			부 종			평 점
		4h	24h	48h	4h	24h	48h	
1	1	1	1	1	0	1	2	1.83
	A	2	1	2	0	1	1	
2	1	1	1	3	0	0	1	1.67
	A	1	1	2	0	0	0	
3	1	2	1	2	0	1	0	1.83
	A	1	0	2	0	1	1	
4	1	1	0	1	0	0	0	0.83
	A	1	1	1	0	0	0	
5	1	1	0	1	0	0	0	0.83
	A	1	1	1	0	0	0	
6	1	1	1	2	0	0	1	1.16
	A	1	0	1	0	0	0	
합계								8.15
PII	8.15 / 6 = 1.4							

I : intact A : abraded

표 7.12 (meth) Acrylate의 피부자극성

acrylate의 종류	PII 값	
	acrylate	methacrylate
단관능 acrylate		
nonyl phenoxy ethyl	4.2	1.0
tetra hydro fur furyl	8.0	1.3
benzoyloxy	3.3	1.4
2관능 acrylate		
diethylene glycol	8.0	0.5
1,3-butane diol	8.0	0.0
1,6-hexane diol	5.5	0.5
neopentyl glycol	8.0	0.0

표 7.13 대표적인 단관능 아크릴레이트

NO	화학명	경화전물성			경화물물성		
		점도 cps / 25℃	냄새	피부자극지수	경화성	Tg℃	경화수축율 %
1	2-HPA	2	-	3.6	〉20	-7	-
2	THFA	3	-	5.0	16	-12	-
3	Phenol(EO)₂ acrylate	16	±	0.7	〉20	-8	7.8
4	2-ethylhexyl(EO)₂ acrylate	5	+	3.0	〉20	-6.5	7.6
5	2-hydroxy-3-Phenoxy propyl acrylate	140	+	0.9	5	17	7.8
6	w-carboxy acryloyl oxyethyl phthalate	5000	+	4.7	7	-	5.3
7	Isoboryl acrylate (IBOA)	8	-	0.6	〉20	94	8.2
8	Acryloyl morpholine (ACMO)	13	±	0.5	10	145	-

표 7.14 대표적인 2관능 아크릴레이트

NO	화학명	경화전물성			경화물물성		
		점도 cps/25℃	냄새	피부자극지수	경화성	Tg ℃	경화수축율 %
9	HDDA	5	±	5.5	〉20	-	-
10	NPGDA	5	±	8.0	〉20	70	-
11	TPGDA	12	+	1.4	〉20	90	12.4
12	MANDA	25	±	1.3	〉20	-	10.0
13	A-BPE4	800	+	0.4	5	75	5.6

표 7.15 대표적인 3관능 아크릴레이트

NO	화학명	경화전물성			경화물물성		
		점도 cps/25℃	냄새	피부자극지수	경화성	Tg ℃	경화수축율 %
14	TMPTA	110	+	3.2	〉20	〉250	12.5
15	PETA	600	+	2.8	5	〉250	13.5
16	TMPPOA	80	+	1.1	〉20	120	9.3
17	DTMPTA	600	+	-	9	〉250	-
18	PETTA	고체	+	0.4	4	〉250	13.0
19	DPHA	5000	+	0.4	2	〉250	11.8

(10) 굴절률

굴절률은 재료의 고유특성치로서 광학 렌즈나 디스플레이 분야에 휘도 향상을 목적으로 최근 들어 중요한 물성치 중의 하나이다. 다음 표는 대표적인 모노머의 굴절률 측정치이다.

표 7.16 각종 아크릴레이트의 굴절율

분 류		제품명	경화전 굴절율 (25℃)	Tg(℃)
초고굴절율	1.65 이상			
고굴절율	1.57 ~ 1.65	HIC - 3100	1.600	136
		HIC - G	1.585	122
중굴절율	1.47 ~ 1.57	3000A	1.558	150
		BP - 2EM	1.543	
		PO - A	1.516	
		DCP - A	1.500	140
		IB - XA	1.472	94
저굴절율	1.40 ~ 1.47	THF	1.450	
		LINC - 3A	1.425	100 〈
		UNC - 102A	1.404	140
초저굴절율	1.40 이하	M - 3F	1.359	
		FA - 108	1.334	

2.4 각 특성별 모노머

1) 질소를 포함하는 친수성 모노머

친수성 모노머 중에는 물과 완전한 상용성을 보이는 종류, 일부 용해되는 것, 용해되지 않고 친화성이 있는 종류, 친수기만 가지고 있는 것이 있지만, 여기서는 모두 하나의 그룹으로 소개한다. 친수성 모노머류의 응용 분야는 매우 광범위하다. 몇 가지 예를 들자면, 염색성 개량, 대전방지, 고분자 응집제, 이온교환 수지, 접착성 개량, 토너 바인더, 감광판용 수지, 자외선경화 인쇄재료, 콘택트렌즈, 혐기성 접착제, 토건 재료 등이 있으며 각각의 모노머의 특징을 살린 분야에 응용되고 있다.

(1) N, N′ − methylene bisacrylamide

분자량: 154.17

융점: 185℃

용해도: 3.5g/물 100g

<특징>

사진제판용 감광제로서, 많은 다관능 모노머의 한 가지로 자주 이용된다.

$$CH_2=CHCONH \diagdown \atop CH_2=CHCONH \diagup CH_2$$

(2) Acryloylmorphorine

분자량: 141.2

융점: −35℃ 이하

외관: 무색투명액체

점도: 34cps(20℃)

용해도: 3.5g/물 100g

<특징>

폴리머는 물, DMF에 가용이나 벤젠, 톨루엔, 알코올에는 불용임. 피부자극성이 적고, PII치가 0.5이다. 아크릴산 에스테르와 같은 정도의 경화 속도를 보이고 각종 올리고머, 다관능 아크릴레이트와의 사용성이 우수하다.

(3) Vinyl pyridine

분자량: 105.14

용해도: 2.9g/물 100g

용해성: 메탄올, 에탄올, 에테르아세톤 녹는다.

<특징>

폴리머는 고분자 유전재료로서 유전율이 크고, 유전손실이 적으며, 주파

수나 온도 특성이 양호한 필름을 얻을 수 있다.

(4) N-methylacrylamide

분자량: 85.11
외관: 무색투명액체
점도: 9cps(20℃)
용해성: 물, 알코올, 아세톤, 클로로포름, 초산에틸 등의 유기용제에 녹는다.

(5) N, N-dimethylacrylamide

분자량: 99.13
외관: 무색투명액체
점도: 2.7cps(20℃)
용해성: 물, 보통의 유기용제 가용(可溶)
<특징>

친수성이 높은 모노머로, 폴리머가 되어도 물, 메탄올, 메칠솔루솔브, MEK, Dioxane 등에 용해된다. 대기 중에서 흡습성이 있고 65% 상대 습도에 방치하면 함수율 40%에 도달한다.

(6) N, N-dimethyl aminopropyl acrylamide

분자량: 156.22
점도: 56cps(20℃)
<특징>
N, N-dimethyl aminoethyl acrylate에 비해 강한 염기성을 보인다.

(7) N, N-dimethyl aminoethyl acrylate

분사량: 143.18

점도: 1.3cps

용해도: 24g/물 100g, 보통의 유기용제에 가용(可溶)

<특징>

친수성을 이용한 자외선경화 수용성 코팅제, 수용성 포장제, 감광 plate 등에 활용된다.

(8) N, N－diethyl aminoethyl acrylate

분자량: 171.2

점도: 1.3cps

접착성 개선을 위해 이용된다.

(9) N, N－dimethyl aminoneopentyl acrylate

분자량: 185

용도: 특징 등은 위와 같음

(10) N－vinyl－2－pyroridone

점도: 2cps

용해도: 물에 녹일 수 있다.

<특징>

저점도이고 피부자극이 적으며 경화성이 우수하다. 단일고분자가 되어도 물에 녹으며 화장품원료로서도 사용되고 있다. 아크릴우레탄의 반응성 희석제로서 사용되는 경우도 있다.

(11) Diethyl aminoethyl methacrylate

$$CH_2=\underset{\underset{CH_3}{|}}{C}-COOCH_2CH_2N\begin{smallmatrix}C_2H_5\\C_2H_5\end{smallmatrix}$$

(12) Dimethyl aminopropyl methacrylate

$$CH_2 = \underset{\underset{CH_3}{|}}{C}COOCH_2CH_2CH_2N \underset{CH_3}{\overset{CH_3}{<}}$$

<특징>

상온에서 고체이고 물, 유기용제에도 잘 녹는다. 독성, 피부자극이 낮고, 취급이 용이하다. 다른 수용성 폴리머 등과 함께 사용되고 물로 현상이 가능한 PS판이나 스탬프를 만들 수 있다.

(13) N − methylol acrylamide

명칭: N − MAM

<특징>

분자 내에 중합성 비닐기와 축합성 N − methylol기를 가지고 있으므로 조건을 적당히 선택하면 따로 반응시킬 수 있는 모노머로서 잘 알려져 있다. 광경화 소재로서는, 인쇄판, 포토레지스트용 감광성수지용으로 사용된다.

상온에서 고체. 또한 흡습성이 있고 물에 잘 녹는다(196g/물 100g).

$CH2 = CHCONHCH2OH$(종연화학, 일본)

(14) 2 − acrylamido − 2 − methylpropane sulfonic acid

외관: 백색결정

용해도: 물에 녹는다(142g/물 100g).

<특징>

상온에서 고체이고 수용성이다. 일반적인 다른 수용성 모노머로서의 사용방법 외에 의료용 폴리머나 화장품으로도 사용된다. Acrylonitrile과의 공중합체로 된 중공섬유는 액체 투석에 사용되고 ethylene dimethacrylate로 가교된 폴리머는 콘택트렌즈에 응용된다.

$$CH_2=CH-\overset{\displaystyle O}{\overset{\|}{C}}-NH-\overset{\displaystyle CH_3}{\underset{\displaystyle CH_3}{\overset{|}{\underset{|}{C}}}}-CH_2-SO_3H$$

2.5 질소를 포함하지 않는 친수성 모노머

(1) 파라스티렌 술폰산소다.

외관: 백색이 없는 미황색결정

용해도: 물에 잘 녹는다. 벤젠, 아세톤, 사염화탄소에는 녹지 않음.

<특징>

상온 고체이며 수용성. 종래 순도가 높은 상태로는 입수가 어려웠다.

$$CH_2=CH$$
$$\bigcirc$$
$$SO_3Na$$

(2) Methoxy tetraethyleneglycol methacrylate

점도: 8cps

<특징> 물에 녹는다.

$$CH_2=\overset{\displaystyle CH_3}{\overset{|}{C}}-CO(OCH_2CH_2)_4-OCH_3$$

(3) Methoxy polyethyleneglycol#400 methacrylate

점도: 23cps(25℃)

<특징> 물에 녹는다.

$$CH_2 = \underset{\underset{CH_3}{|}}{C} - CO(OCH_2CH_2)_9OCH_3$$

(4) Methoxy polyethyleneglycol#1000 methacrylate

외관: 고체

<특징> 물에 녹는다.

$$CH_2 = \underset{\underset{CH_3}{|}}{C}CO(OCH_2CH_2)_{23}OCH_3$$

(5) Methoxy triethyleneglycol acrylate

점도: 5cps(25℃)

<특징> 물에 녹는다.

$$CH_2 = CHCO - (OCH_2CH_2)_3OCH_3$$

(6) Methoxy polyethyleneglycol#400 acrylate

점도: 25cps(25℃)

<특징> 물에 녹는다.

$$CH_2 = CHCO - (OCH_2CH_2)_9 - OCH_3$$

(7) Polyethyleneglycol#400 dimethacrylate

점도: 35cps(25℃)

<특징> 물에 녹는다.

$$CH_2=\overset{\overset{\textstyle CH_3}{|}}{C}-CO-(OCH_2CH_2)_9OCO\overset{\overset{\textstyle CH_3}{|}}{C}=CH_2$$

(8) Polyethyleneglycol#600 dimethacrylate

점도: 64cps(25℃)

<특징> 물에 녹는다.

$$CH_2=\overset{\overset{\textstyle CH_3}{|}}{C}-CO-(OCH_2CH_2)_9OCO\overset{\overset{\textstyle CH_3}{|}}{C}=CH_2$$

(9) Polyethyleneglycol#1000 dimethacrylate

외관: 백색 왁스

점도: 35cps(25℃)

<특징> 물에 녹는다.

$$CH_2=\overset{\overset{\textstyle CH_3}{|}}{C}CO-(OCH_2CH_2)_{23}OCO\overset{\overset{\textstyle CH_3}{|}}{C}=CH_2$$

3. 분자 내에 카르복실기를 가지는 모노머

친수성기인 카르복실기가 있으면 어느 정도의 친수성을 기대할 수 있다.

친수성의 정도가 다른 친유성 부분과의 균형으로 결정됨은 물론이다. 단순히 광경화 재료의 한 성분으로 이용할 뿐만 아니라 글리시딜기, 이소시아네이트기, 수산기 등과 반응하는 합성원료로의 이용 역시 가능하다. 또한 카르복실산을 포함하고 있으면 알칼리에 의한 현상, 박리 등에도 이용할 수 있는 가능성이 생긴다. 그리고 금속에 의한 가교, 점도의 상승, 겔화 등의 가능성도 있다. 점착, 접착력 상승에 대한 기여 역시 기대할 수 있다.

(1) 상품명: Aronix M – 5400, NK ester – ACB – 100

점도: 4000 ~ 6000cps(25 ℃)

경화 시 인장강도: 400kg / cm2

연신율: 0 ~ 5%

$$CH_2 = CHCOOC_2H_4OOC - C_6H_4 - COOH$$

(2) 상품명: Aronix M – 5500, NK ester A – SA

점도: 100 ~ 300cps(25 ℃)

인장강도: 3 ~ 5kg/cm2

연신율: 40 ~ 60%

$$CH_2 = CHCOOC_2H_4OOCCH_2CH_2COOH$$

(3) 상품명: NK ester – SA(新中村化學), HOMS(공영사)

점도: 160cps(25 ℃)

$$CH_2 = \overset{\overset{\displaystyle CH_3}{|}}{C}COOCH_2CH_2OCOCH_2CH_2COOH$$

(4) 상품명: NK ester - CB - 1(新中村化學)

점도: 3200cps(25℃)

$$CH_2 = \overset{\overset{\displaystyle CH_3}{|}}{C}COOCH_2CH_2OCO \!-\!\! \bigcirc \!\!-\! COOH$$

(5) 상품명: NK ester - ACB 200

점도: 8000cps(25℃)

$$CH_2 = CHCOOCH_2\overset{\overset{\displaystyle CH_3}{|}}{C}HOCO \!-\!\! \bigcirc \!\!-\! COOH$$

4. 분자 내에 수산기를 가지는 모노머

카르복실기와 마찬가지로 수산기가 있으면, 수용성, 친수성을 기대할 수 있다. 또한 글리시딜기, 이소시아네이트기 등과의 반응 역시 가능하므로 합성원료로도 이용되고 있다. 에폭시 아크릴레이트 또한 에폭시 메타아크릴레이트로 불리는 것은 글리시딜기를 가지고 있는 화합물과 카르복실산을 포함하는 화합물을 반응시켜 합성하므로 필연적으로 수산기를 가지게 된다. 분자량의 크고 작음, 수산기 개수에 따라 친수성이 크게 변하게 되고 선택의 폭도 넓다.

(1) 상품명: 2 - HEMA

점도: 10 이하

용해성: 물에 녹는다.

<특징>

저점도이고 물에 녹으며, 피부자극도 적으므로 의료용 재료로 활용된다.
콘택트렌즈의 성분으로 이용되고 가격도 저렴하다.

$$CH_2 = \overset{\overset{\textstyle CH_3}{|}}{C}COOCH_2CH_2OH$$

(2) 상품명: 2 - HPMA

점도: 10 이하

용해성: 물에 녹는다.

$$CH_2 = \overset{\overset{\textstyle CH_3}{|}}{C}COOCH_2CH_2CH_2OH$$

(3) 상품명: 2 - HEA

점도: 10 이하

용해성: 물에 녹는다.

<특징>

희석제 외에도, 합성원료로 사용되고 있다.

$$CH_2 = CHCOOCH_2CH_2OH$$

(4) 상품명: Aronix M - 5700

점도: 100~300cps(25)

<특징>

수산기를 가지고 있어 다른 감광성수지에 혼합해 경화물 전체에 유연성을 부영하고 신장률 향상을 주기 위해 사용된다. 단독 경화물의 연신율은 200~300%이다.

$$CH_2 = CHCOOCH_2 - CHCH_2O - \bigcirc$$
$$| $$
$$OH$$

(5) 상품명: epoxy ester 3002 A

점도: 40000~60000cps(25)

<특징>

수산기를 가지고는 있지만, 친수성에 대한 기여는 적다. 기본 수지의 한 가지로서 사용되는 경우가 있다. 같은 계열 상품에 메타아크릴레이트가 부가된 3002 M이 있다.

$$CH_2 = CHCOOCH_2CCH_2OCH_2CHCH_2 - O$$

(6) 상품명: epoxy ester 80 MFA

점도: 90000∼13000cps(25)

<특징>

한 분자 내에 수산기가 3개 있고, 친수성이 강하다. 다른 친수성 감광성 수지와 병용해, 물로 현상가능한 PS판을 제작할 수 있다.

$$CH_2=CHCOOCH_2CHCH_2-O$$

(7) 상품명: epoxy ester 40

점도: 350∼650cps

(8) 상품명: epoxy ester 70 PA

점도: 1000∼1400cps(at 25)

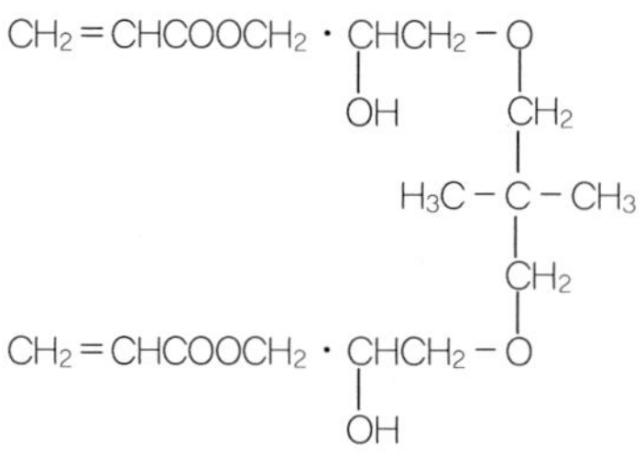

(9) butanediol monoacrylate

<특징>
폴리머에 친수기를 도입하거나, 밀착향성제로 사용된다.

$$CH_2=CHCOO(CH_2)_4OH$$

(10) 상품명: HO－MPP

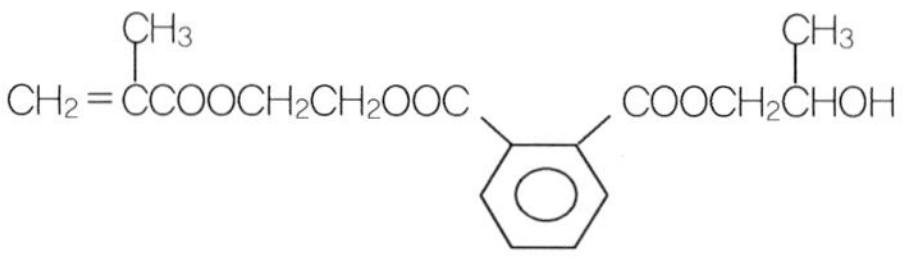

5. 금속을 포함하는 모노머

(메타)아크릴산 금속염은 반응성이 높고, 자외선 이외에도 통상적인 열촉매, 전자선, X－선으로도 가교가 가능하다. 시판되고 있는 금속함유 모노머에는 수용액형, 분말형이 있고, 다른 광경화 재료나 고분자에 혼합, 공중합시킴으로써 난연성 부여, 경도 상승, 내수성, 내용제성, 내열성, 내후성 향상, 가교 에너지에 대한 감도 향상을 목적으로 쓰인다.

수용성수지 등에 혼합하여 건조 후 자외선조사를 행하면, 증감제 없이도 경화되고, 연필경도가 6H – 8H에 달하는 것도 있다. 사용되는 금속에 따라 극성도 달라지므로 경화물 물성에 미치는 영향에 대해 흥미가 깊다.

(1) 아크릴산 아연

외관: 백색 고체

$$(CH_2CHCO)_2Zn$$

(2) 메타아크릴산 아연

$$CH_2 = \overset{\overset{\displaystyle CH_3}{|}}{C}COOZn \cdot OH$$

(3) 아크릴산 금속염(日本觸媒化學工業(株))

외관: 백색 고체

$$(CH_2 = CHCOO)_n\ M \qquad , M : Na, K, Ca, Al$$

(4) 메타아크릴산 아연

외관: 백색 고체

$$(CH_2 = \overset{\overset{\displaystyle CH_3}{|}}{\underset{\underset{\displaystyle O}{\|}}{C}}CO)_2Zn$$

(5) 메타아크릴산 칼슘

외관: 백색 고체

$$(CH_2=\underset{\underset{O}{\|}}{\overset{\overset{CH_3}{|}}{C}}CO)_2Ca$$

(6) 아크릴산 마그네슘

상품기호: Mg(AA)2

외관: 백색 분말

(7) 아크릴산 알루미늄

상품기호: Al2(AA)xX6 − x

외관: 백색 분말

(8) 아크릴산 바륨

상품기호: Ba(AA)2

외관: 백색 분말

(9) 아크릴산 주석

상품기호: Sn(AA)2

외관: 담황색

(10) 아크릴산 납

상품기호: Pb(AA)2

외관: 담황색(발화 주의)

(11) 아크릴산 코발트

상품기호: Co(AA)2
외관: 청흑색(발화 주의)

(12) 아크릴산 납

상품기호: Pb(AA)2
외관: 담황색(발화 주의)

(13) 아크릴산 망간

상품기호: Mn(AA)2

(14) 아크릴산 니켈

상품기호: Ni(AA)2

(15) 아크릴산 철

상품기호: Fe(AA)2

6. 내열성을 향상시키는 모노머

(1) tris(2-acryloxyethyl) isocyanurate

점도: 300cps(at 60℃)
융점: 30-55℃
외관: 백색 고체

<특징>

다른 광경화 재료와 함께 사용되며, 경화물의 내열성을 증가시킬 수 있다.
하지만 너무 많은 양이 배합될 경우 경화물 전체가 취약성을 보이게 된다.

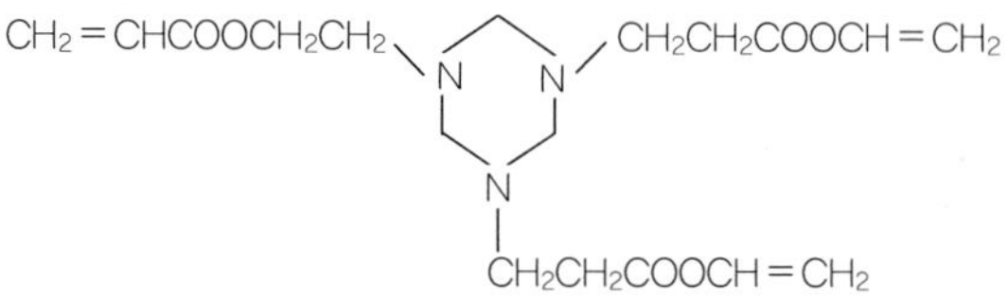

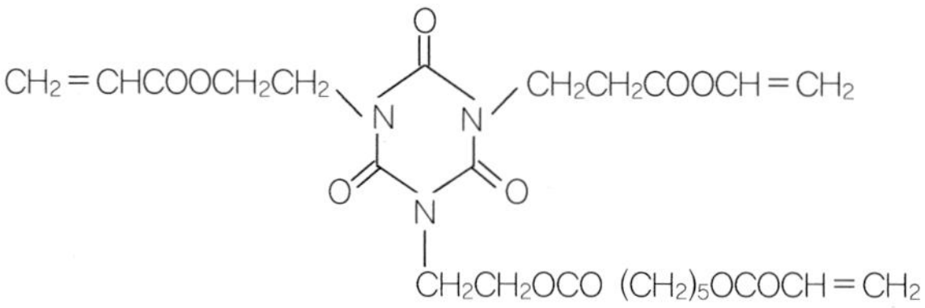

$$CH_2=CHCOOCH_2CH_2 - N \cdots N - CH_2CH_2COOCH=CH_2$$

(앞의 구조에서 N 고리에 연결) $CH_2CH_2COOCH=CH_2$

$$CH_2=CHCOOCH_2CH_2 - N \cdots N - CH_2CH_2COOCH=CH_2$$

$CH_2CH_2OCO\ (CH_2)_5OCOCH=CH_2$

(2) 상품명: Aronix M − 325

점도: 4000cps(at 25℃)

외관: 투명 액체

<특징>

앞의 (1)과 동일한 물성

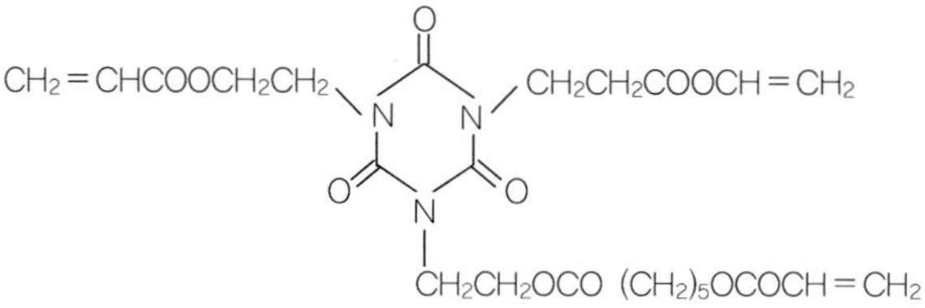

$$CH_2=CHCOOCH_2CH_2 - N \cdots N - CH_2CH_2COOCH=CH_2$$

$CH_2CH_2OCO\ (CH_2)_5OCOCH=CH_2$

(3) 상품명: Aronix M − 215

점도: 5000∼15000cps

외관: 담색 투명 액체

<특징>

앞의 (1), (2)와 같이 내열성 경화물을 사용하는 데 이용되지만 2관능이므로 3관능에 비해 취약해지는 정도가 적을 것으로 여겨진다.

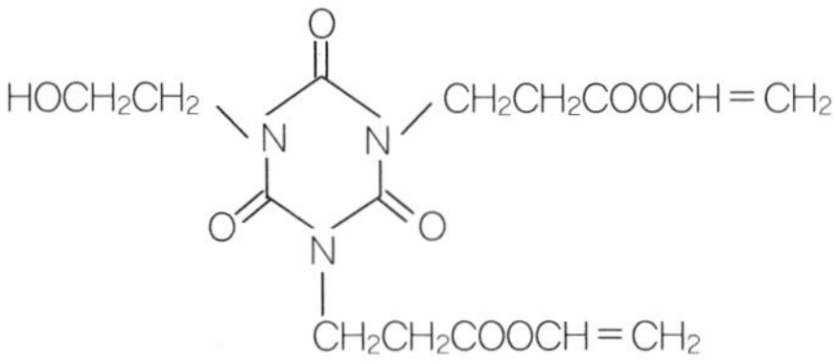

$$HOCH_2CH_2-N \cdots CH_2CH_2COOCH=CH_2$$

(삼량체 트리아진 고리 구조: N 치환기 $HOCH_2CH_2$, $CH_2CH_2COOCH=CH_2$, $CH_2CH_2COOCH=CH_2$)

(4) N-phenyl maleimide

상품명: 이미렉스 P(일본촉매)

융점: 88~90℃

외관: 황색 고체

용해성: 일반적으로 유기용매에 잘 녹는다. 아세톤, DMF, 초산에스테르, 벤젠 등에 잘 녹는다.

<특징>

내열성을 부여할 수는 있으나 아크릴계가 아니므로 계 전체의 경화 속도는 느리다. 또한 경화물은 경도가 높고 취약하다.

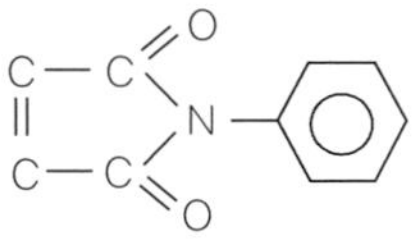

다른 이미렉스 시리즈로 다음과 같은 제품을 소개한다.

표 7.17 이미렉스 시리즈

NO.	화학명	구조식	외관	융점(비점)
1	$N-(o-\text{Methylphenyl})-\text{M.I}$		담황색결정	76℃
2	$N-(m-\text{Methylphenyl})-\text{M.I}$		황색결정	
3	$N-(p-\text{Methylphenyl})-\text{M.I}$		황색결정	151℃
4	$N-(o-\text{Methoxylphenyl})-\text{M.I}$		담황색결정	123℃
5	$N-(m-\text{Methoxylphenyl})-\text{M.I}$		황색결정	63℃
6	$N-(p-\text{Methoxylphenyl})-\text{M.I}$		황등색결정	147℃
7	$N-(o-\text{Chlorophenyl})-\text{M.I}$		담황색결정	74℃
8	$N-(m-\text{Chlorophenyl})-\text{M.I}$		담황색결정	91℃
9	$N-(p-\text{Chlorophenyl})-\text{M.I}$		황색결정	110℃

NO.	화학명	구조식	외관	융점(비점)
10	$N-$(Methyl)$-$M.I	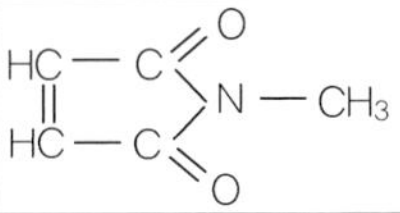 HC—C(=O), HC—C(=O) 고리 N—CH$_3$	백색결정	96℃
11	$N-(n-$Propyl)$-$M.I	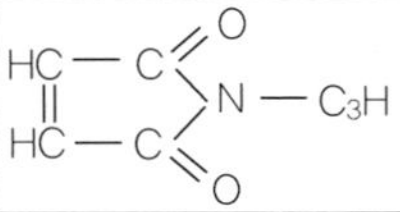 HC—C(=O), HC—C(=O) 고리 N—C$_3$H	무색액체	
12	$N-($∾propyl)$-$M.I	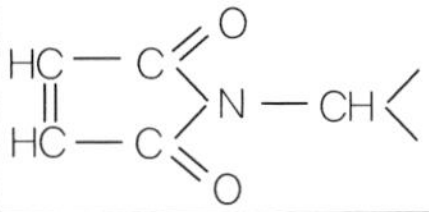 HC—C(=O), HC—C(=O) 고리 N—CH<	무색액체	75℃/ 10mmHg
13	$N-(n-$Butyl)$-$M.I	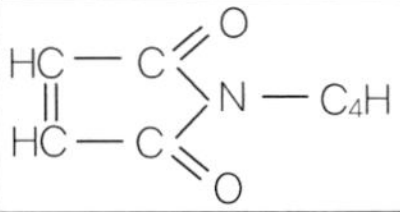 HC—C(=O), HC—C(=O) 고리 N—C$_4$H	무색액체	97℃/ 8mmHg
14	$N-(sec-$Butyl)$-$M.I	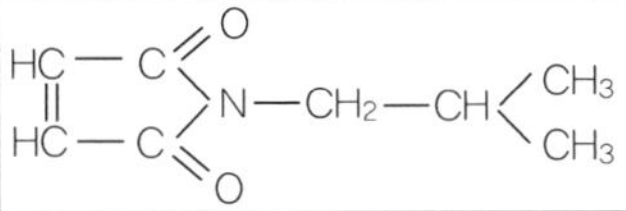 HC—C(=O), HC—C(=O) 고리 N—CH$_2$—CH(CH$_3$)(CH$_3$)	무색액체	
15	$N-(tert-$Butyl)$-$M.I	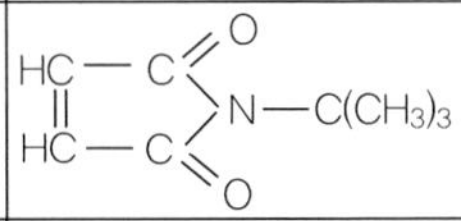 HC—C(=O), HC—C(=O) 고리 N—C(CH$_3$)$_3$	무색액체	104℃/ 18mmHg
16	$N-($Octyl)$-$M.I	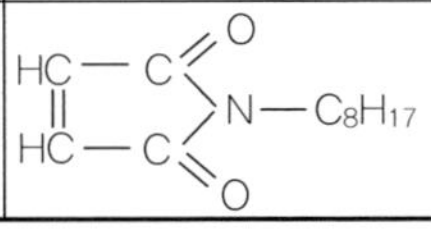 HC—C(=O), HC—C(=O) 고리 N—C$_8$H$_{17}$	백색결정	40~41℃

(5) N−methacryloxy succinic acid imide

외관: 백색 결정

융점: 99~101℃

$$CH_2 = \underset{\underset{CH_3}{|}}{C} - COON \Big< \begin{matrix} CO-CH_2 \\ | \\ CO-CH_2 \end{matrix}$$

(6) N-acryloxy succinic acid imide

외관: 백색 결정

융점: 62~63℃

$$CH_2=CHCOON\begin{cases}CO-CH_2\\CO-CH_2\end{cases}$$

7. 할로겐 원자를 가진 모노머 혹은 인을 포함한 모노머

　모노머 중에 할로겐 원자를 포함하고 있으면 보통의 모노머와는 다른 성질을 가지게 된다. 브롬 원자를 가진 모노머는 난연성 재료가 되지만 이 모노머를 단순히 사용하는 것만으로는 양호한 난연성 재료를 얻을 수 없다. 브롬을 가진 모노머의 함유량이 많아지는 만큼 난연성은 향상되지만 동시에 더욱 취약해져 난연성과 취약성 사이의 적절한 조절이 어렵기 때문이다. 따라서 만족할 만한 난연성 재료를 얻으려면 다른 재료, 예를 들어, 난연성 부여 안료, 인산기를 포함한 모노머류를 병용하지 않으면 안 된다.

　염소원자가 들어 있는 모노머는 반응성이 높아 다른 화합물의 출발원료가 되는 경우가 많고 불소원자가 들어간 모노머는 가격이 비싸다.

(1) methacrylic acid-2, 4, 6 bromophenyl

외관: 백색 고체

$$CH_2=\underset{\underset{CH_3}{|}}{C}-COO-\underset{\underset{Br}{}}{\overset{\overset{Br}{}}{\bigcirc}}-Br$$

(2) dibromoneopentyl dimethacrylate

상품명: NK ester DBN

외관: 담황색 투명액

$$CH_2=\overset{\overset{\displaystyle CH_3}{|}}{C}-COO-CH_2-\overset{\overset{\displaystyle CH_2Br}{|}}{\underset{\underset{\displaystyle CH_2Br}{|}}{C}}-CH_2-OCO\overset{\overset{\displaystyle CH_3}{|}}{C}=CH_2$$

(3) dibromopropyl acrylate

상품명: NK ester A−DBP

점도: 13cps(at 25℃)

외관: 담황색 투명액체

$$CH_2=CHCOOCH_2\overset{}{\underset{\underset{\displaystyle Br}{|}}{CH}}-\overset{}{\underset{\underset{\displaystyle Br}{|}}{CH_2}}$$

(4) dibromopropyl methacrylate

상품명: NK ester DBP

점도: 8cps(at 25℃)

외관: 담황색 투명액체

$$CH_2=\overset{\overset{\displaystyle CH_3}{|}}{C}-COOCH_2\underset{\underset{\displaystyle Br}{|}}{CH}\underset{\underset{\displaystyle Br}{|}}{CH_2}$$

(5) Light ester PA

외관: 투명액체

<특징>

인산을 함유하는 모노머로서 금속 밀착향상제, 그리고 난연성 재료를 얻기 위해 다른 난연화 재료와 함께 이용된다. 단독으로 경화시킨 것은 흡습성이 강하고 수중에 담아두면 스스로 붕괴된다.

$$CH_2=\overset{H}{\underset{O}{\overset{|}{C}}}-\overset{\parallel}{C}-O-CH_2-CH_2-O-\overset{OH}{\underset{OH}{\overset{|}{P}}}-OH$$

(6) Light ester PM

특징, 용도: Light ester PA 참조

$$CH_2=\overset{CH_3}{\underset{O}{\overset{|}{C}}}-\overset{\parallel}{C}-OCH_2-CH_2-O-\overset{OH}{\underset{OH}{\overset{|}{P}}}-OH$$

(7) methacylic acid chloride(일본촉매)

외관: 투명 액체

$$CH_2=\overset{CH_3}{\overset{|}{C}}HCOCl$$

(8) methacrylic acid-2, 4, 6 chlorophenyl

외관: 백색 고체
융점: 78~80℃

(9) p-chloro styrene

분자량: 138.6

외관: 무색 액체

용해도: 거의 모든 용매에 용해

<특징>

다른 광경화 재료와 함께 이용함으로써 고분자의 유리전이온도 개선과 난연성 부여의 가능성이 있다. Cl기를 가짐으로써 다양한 치환기를 도입할 수 있으므로 기능성기를 가진 스티렌 모노머의 합성용 원료가 되기도 한다.

$$CH_2 = CH$$

$$Cl$$

(10) methyl 2-chloroacrylate

외관: 투명 액체

$$CH_2 = \underset{\underset{Cl}{|}}{C} - COOCH_3$$

(11) ethyl 2-chloroacrylate

외관: 투명 액체

$$CH_2 = \underset{\underset{Cl}{|}}{C} - COOC_2H_5$$

(12) n-butyl 2-chloroacrylate

외관: 투명 액체

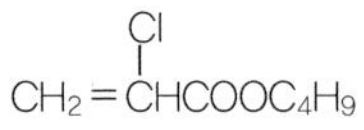

$$CH_2 = \overset{\underset{\displaystyle |}{Cl}}{C}HCOOC_4H_9$$

8. 상온에서 고체인 모노머류

상온에서 고체인 광경화 재료의 장점은 말할 필요 없이, 판상, 필름상, 블록상으로 보존할 수가 있고, 필요에 따라 적절하게 고를 수 있는 점이다. 또한 열을 가하면 액상이 되고, 게다가 자를 수도 있고, 혹은 부분적으로 열로 변형시킴으로써 정부의 기록 재료로 이용할 수 있는 가능성이 있다.

(1) 외관: 백색 고체

융점: 66℃

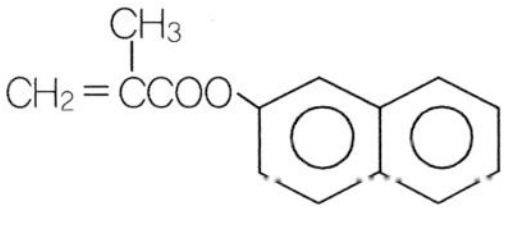

$$CH_2 = \overset{\underset{\displaystyle |}{CH_3}}{C}COO-$$

(2) methacrylic acid-2, 4, 6 chlorophenyl

외관: 백색 고체
융점: 37~38℃

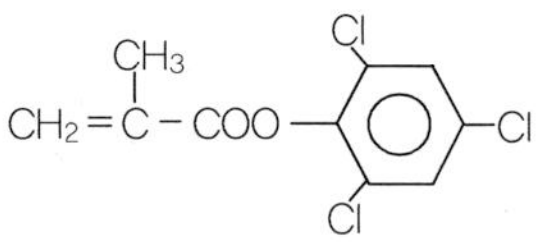

$$CH_2 = \overset{\underset{\displaystyle |}{CH_3}}{C}-COO-$$

(3) N – phenyl methacrylamide

외관: 백색 고체

융점: 84.7℃

$$CH_2=\underset{\underset{CH_3}{|}}{C}CONH-\text{phenyl}-Cl$$

(4) 디비닐에칠 요소

융점: 약 66℃

(5) 디비닐프로필렌 요소

융점: 65℃

(6) 비닐 카프로락탐

특징: 친수성향상, 반응성 희석제
융점: 24℃

(7) 비닐카바졸

특징: 경화물의 내열성 향상을 위해 사용되는 경우가 있다.
융점: 63℃

9. 고분자량 모노머

최근 macromer라는 단어가 사용되고 있는데, 이것은 분자말단에 중합가
능한 관능기를 가진 고분자라는 뜻이다. 유래는 macromolecular monomer이
고, CPC사에 의해 등록상표가 되어 있다. UV 경화에 있어서의 응용으로는,
유리코팅, 유리섬유 바인더, 치과용 에나멜, 감압접착제 등을 들 수 있고,
다른 올리고머, 모노머와 병용해 여러 기능을 부여할 수 있다.

(1) 2-polystyryl ethylmethacrylate

상품명: CHEMLINK 4500, 4500 B, 4545 B
외관: 백색 고체
분자량: 13,000(4500 B), 4,500(4545 B)
용해성: 시클로헥산, 벤젠, 톨루엔, MEK, 에칠아세톤, 클로로포름에 용해

됨. 단관능, 2관능 모노머에는 잘 녹지만, 극성이 높은 다관능류나 알코올
시레이트 모노머에는 얼마 녹이기 어렵다.

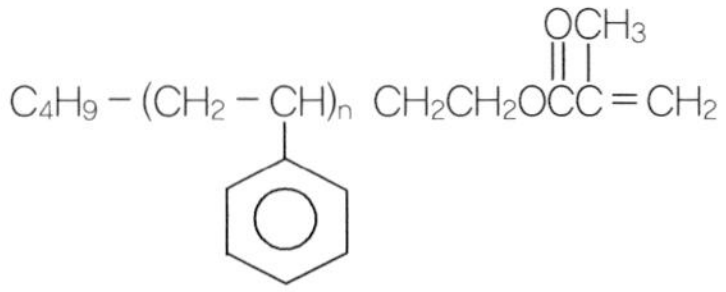

$$C_4H_9 - (CH_2 - CH)_n \ CH_2CH_2OCC = CH_2$$

(2) 상품명: Poly bd ACR－LC

점도: 450ps(at 50℃)

<특징>

수산기 말단 폴리부타디엔을 디이소시아네이트 화합물을 사이에 두고 아
크릴로일화한 제품이다. 폴리부타디엔의 특성을 살리고 실링제, 접착제, 전
기단연재 등으로의 활용이 고려되고 있다.

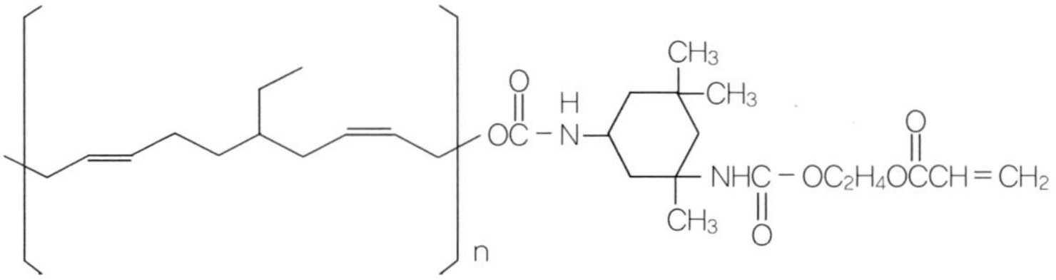

배합의 기초(구성성분별 특성)

제8장

1. 개 요

1.1 광경화 배합

광경화 배합은 다음과 같은 조성물로 이루어져 있다.

1) 올리고머

2) 모노머

3) 첨가제

   배합 형태와 경화메커니즘에 따라 두 가지 다른 조성물이 추가된다.

4) 안료

5) 광개시제 시스템

표 8.1은 여러 가지 올리고머의 종류가 경화된 필름에 미치는 성질들을 요약해 놓은 것이다.

올리고머의 물성	에폭시 아크릴레이트	우레탄 아크릴레이트	폴리에스터 아크릴레이트	아크릴 아크릴레이트
점도	높음	높음	다양함	높음
모노머와 희석성	양호	양호	양호	양호
점도 감소효과	양호	중간	양호	중간
경화속도	빠름	다양함	다양함	느림
상대적 단가	낮음	높음	낮음	높음
경화필름의 물성				
인장강도	높음	다양함	적당함	낮음
유연성	부족함	양호	다양함	양호
내화학성	매우 우수함	양호함	양호함	양호함
경도	높음	다양함	중간	낮음
황변성	나쁨	다양함	나쁨	양호

첨가제는 반응성 또는 비반응성으로 나누어진다. 만약, 다른 조성물들과 함께 화학적인 상호 작용을 하여 경화되어 필름에 참여하면 반응성 첨가제로 분류된다. 예로, 실리콘 아크릴레이트는 경화되어 필름 형성에 참여하고 슬립(slip) 특성을 주게 된다.

안료가 포함되면 어떤 배합이라도 색상을 부여하게 되어 경화된 필름의 성질에 영향을 준다. 일반적으로 안료가 가교 네트워크에 참여하지는 않지만 유기 재료로 코팅된 어떤 안료는 분산성을 향상시킨다.

1.2 경화된 제품에 요구되는 성질

데커(Decker)의 접근방법이 유용하며 경화된 필름에 요구되는 물리적 성질이 표 8.2에 요약되어 있다. 이 모든 성질들이 모든 응용 분야의 경화 필름에 필요한 것은 아니며 최종용도에 따라 요구되고 강조되는 부분이 다른 것이다.

1. 화학적 성질
   1) 내용제성
   2) 내산, 내알칼리성
   3) 내습성

2. 광학물성 / 외관
   1) 광택 혹은 광택의 부족(무광)
   2) 변색
   3) 투명도

3. 기계적 물성
   1) 경도
   2) 유연성
   3) 접착
   4) 내마모성
   5) 강도
   6) 내구성

4. 열안정성

5. 내후성

1.3 경화 거동

경화 거동이 그림 8.1에서 보이고 있다.

유도(Induction), 중합, 완전 경화의 뚜렷한 3단계로 나누어진다.

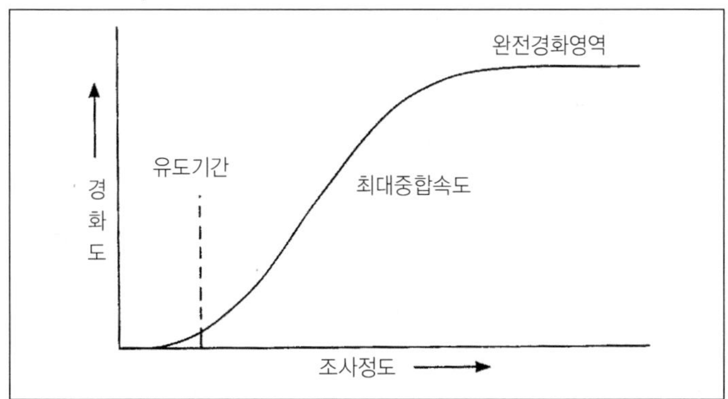

그림 8.1 필름형성 단계

완전 경화 후 계속 광조사되면 사슬이 절단되고 분해되어 코팅 성질에 해로운 영향을 미친다. 여러 가지 코팅들이 다른 경화 거동을 갖는다. 세 가지 예가 그림 8.2에서 보인다.

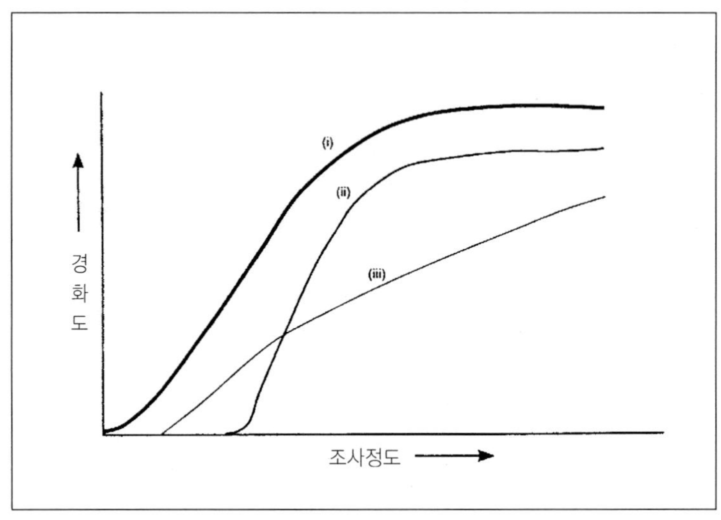

그림 8.2 세 가지 다른 경화 거동

곡선 (i): 최소의 반응저해를 갖는 빠른 경화 시스템으로 양호한 전환률을 진행

곡선 (ii): 긴 유도기간(induction period)을 갖지만 일단 개시되면 빠르게 경화되며 양호한 전환률을 진행

곡선 (iii): 부분적으로 억제되어 낮은 경화 속도와 낮은 전환률을 나타냄

(iii)의 곡선이 만족스럽지 못한 시스템으로 여겨진다.

이런 경우 광개시제 시스템 또는 램프 시스템(파장 또는 강도)을 변경시키거나 조성물 등을 다시 고려하여야 한다. 만약, 안료가 존재한다면 여러 가지 다른 흡수파장을 변경하여야 한다.

데커는 아크릴레이트의 $C=C$가 없어지는 것을 전환률 %와 경화 정도의 수단으로 결정했다. 경도 측정도 또 다른 수단으로 여겼다.

그림 8.3, 8.4는 빛의 노출시간에 따른 전환률과 여러 가지 경화 정도를
보여주고 있다.

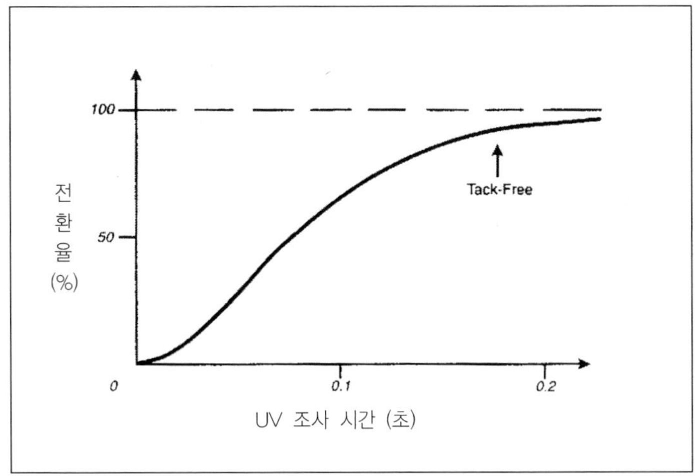

그림 8.3 광조사 증가에 따른 이중결합의 소멸

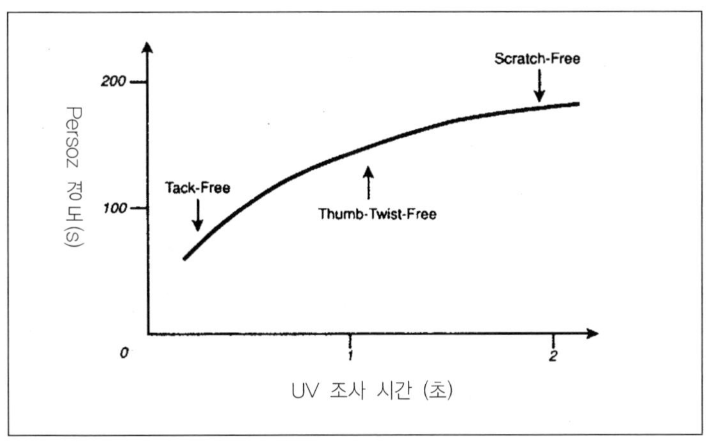

그림 8.4 광조사량에 따른 경도 및 경화정도

다양한 형태의 경화 거동은 올리고머, 모노머, 광개시제의 선택에 영향을
받는다.

이중 반응성 원료가 첫 번째로 고려되는데, 왜냐하면, 그것들이 UV와 EB

경화배합을 주로 형성하기 때문이다.

2. 반응성 성분의 선택

첨가제와 광개시제 이외에 올리고머와 모노머가 중합되어 가교 네트워크를 형성하여 경화된 필름을 만들며 이것들이 주요한 특징을 결정한다.

2.1 배합에서 점도에 관한 올리고머 / 모노머의 영향

모노머 조성에 따른 점도의 영향을 연구했다. 두 가지 방법에 의해 모노머 평가가 연구되었는데 에폭시 아크릴레이트 / TPGDA / 모노머(50 / 25 / 25)의 일정한 무게 %와 일정한 아크릴레이트 이중결합 농도로 평가하였다. 낮은 분자량을 가진 모노머들이 배합의 낮은 점도를 나타내었다.

입체장애는 실제적으로 점도를 증가시킨다. 예로 단관능 모노머인 IDA(Isodecyl acrylate)와 LA(Lauryl acrylate)을 보면 LA가 더 높은 분자량(240)을 갖지만 비슷한 점도를 갖는다. 이 사실은 IDA의 분기된 구조가 이 현상을 설명한다. 이것은 싸이클릭 또는 방향족 그룹을 갖는 IBOA(Isobornyl acrylate), PEA(Phenoxyethyl acrylate), BPAEODA(Dianol acrylate) 경우 더욱 뚜렷하다.

예로, IDA, IBOA, PEA을 비교해 보면, 분자량은 212, 208, 192이며 각자의 점도는 500, 1210, 970 cps(20℃)이다.

에테르 형태 모노머는 탄화수소 모노머와 비교하여 더 높은 유동성을 가지고 있어 더 낮은 점도를 갖는다. TMPTA(분자량: 296)는 TMPEOTA(2265cps, 20℃)보다 더 높은 점도(2800cps, 20℃)를 갖는다.

이관능 모노머에 대해서는 모노머 분자량은 중요하지 않다는 것을 제외하고는 일반적인 모노머와 같은 성향을 보인다.

HDDA는 가장 희석력이 좋은 다관능 희석제이다.

TMPTEOTA가 TMPTA보다 더 높은 분자량을 갖지만 우레탄과 에폭시 아크릴레이트 배합의 점도를 더 낮게 한다. 이것은 모노머에서의 에테르결합이 용해 특성에 중요한 역할을 하는 것을 다시 보여준다.

에폭시 아크릴레이트 배합의 경우 단지 모노머만 변화시켜 점도 변화의 영향을 예측할 수 있다. 그러나 여러 가지 다양한 구조의 우레탄 아크릴레이트 경우는 달라 예측할 수 있는 경향이 훨씬 어렵다.

다양한 디올(diol) 구조와 분자량별로 IPDI를 기반으로 한 우레탄 아크릴레이트로 연구했다.

디올은 폴리테트라메틸렌 글리콜[polytetramethylene glycol(PTMG)], 폴리에스터[polyester(PE)], 폴리카보네이트[polycarbonate(PC)], 폴리프로필렌[polypropylene glycol(PPG)]와 저분자와 중간 정도의 분자량의 폴리카프로락톤[polycaprolactone (PCL/LMW와 PCL/MMW)]을 사용했다. 디올의 분자량은 480~880 정도를 사용했다. 선형 디올의 경우 분자량이 커질수록 점도가 커진다. PPG는 예외로, 비교적 높은 분자량을 갖지만 가장 낮은 점도를 나타낸다. 모노머와 달리 올리고머 사슬에 분기된 구조로(PPG) 되어 있으면 점도가 낮아진다.

세 가지 디이소시아네이트(TDI, IPDI, HMDI)와 두 개의 하이드록시 아크릴레이트(2 - HEA, 2 - HPA), 디(di) 또는 트리 하이드록시 폴리에스터 또는 폴리에테르 폴리올을 사용한 우레탄 아크릴레이트를 실험하여 디이소시아네이트에 따른 100% 올리고머의 점도를 보여주고 있다. HMDI가 대칭적인 구조이므로 비대칭적 구조인 TDI나 IPDI보다 3~4배 정도 높은 점도를 보인다.

위의 내용을 살펴보면, 점도 관점에서 보면 에폭시 아크릴레이트는 비교적 모노머의 선택사용이 일관성이 있으나 우레탄 아크릴레이트 경우는 낮은 점도의 배합에 적낭한 조성의 선택에 종종 문세들 발생시킨다.

일반적으로 최종 사용 시 어떤 형태의 우레탄 아크릴레이트를 사용할 것인지의 중요한 인자는 점도가 아니라 적은 모노머 함량과 낮은 자극성의 모노머 함량이 더 중요하다.

2.2 UV 경화 배합의 물성에 관한 올리고머/모노머 선택의 영향

(1) 경화 속도

모노머 관능기수가 경화 속도에 영향을 미치며 일반적인 경향은 다음과 같다.

단관능 < 이관능 < 삼관능

삼관능 모노머가 단관능 모노머보다 경화가 빠른 반면 전환률의 한계는 단관능 모노머보다 낮다. 일반적 순서는 다음과 같다.

삼관능 < 이관능 < 단관능

이것에 관한 내용이 그림 8.5에서 보인다.

우레탄 아크릴레이트에 동량의 단관능, 이관능 모노머를 넣고 만약 계속 UV 조사되었을 때 단관능 아크릴레이트 곡선이 삼관능과 이관능 곡선을 가로지르게 될 것이다.

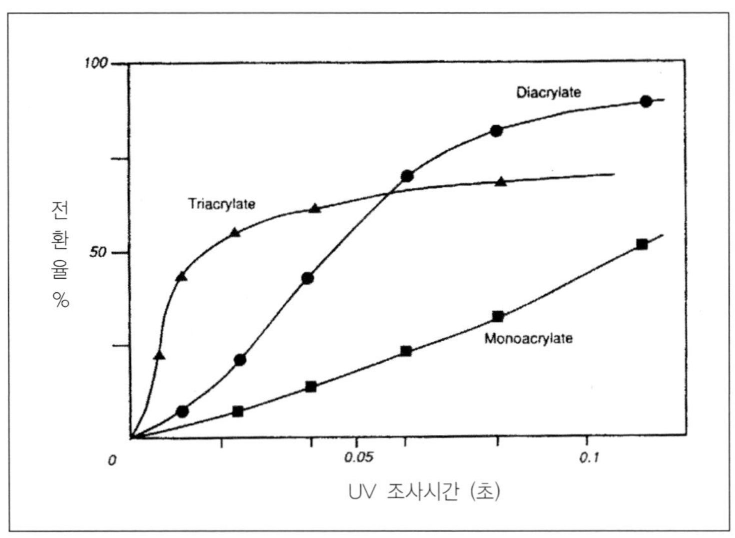

그림 8.5 광조사량에 따른 모노머 관능기의 경화도

또한 관능기수에 따라 전환률에 미치는 영향을 확인되었다. 30℃과 50℃에서 4가지 모노머가 전환되는 것을 표 3에서 보여주고 있다.

표 8.3 모노머 관능기에 따른 전환율의 비교

Monomer	% Conversion 30℃	% Conversion 50℃
LA	95	96
HDDA	82	82
TMPTA	47	53
PETTA	37	41

그리고 온도가 상승함에 따라 전환률이 증가하는 것을 HDDA에 대해 나타내었다. 40℃에서 77% 전환률이 100℃에서 96% 전환되었다. 이것은 두 가지 인자에 의해 설명된다.

첫 번째는 열이 자유 라디칼 형성에 기여한다는 것이다. 비록, 자유 라디칼이 열에 의해서 생성되지는 않지만 온도가 상승하면 활성화 에너지가 낮아지게 되고 자유 라디칼 생성이 용이하게 되는 것이다. 두 번째는 온도가 상승함에 따라 점도가 감소하게 되고 이것이 개시와 성상종의 이동성을 증가시켜 효율을 증가시킨다.

필름 경도가 종종 완전 경화의 측정수단으로 여겨진다.

주어진 비슷한 배합과 조건에서 경도가 증가하면 완전 경화가 증가되는 것으로 여겨진다.

50% 모노머가 포함되어 있는 배합에서 디, 트리, 테트라 아크릴레이트 (TPGDA, OTA(GPTA), DTMPTA) 같은 모노머 관능기를 변화시켰을 때 펜듈럼(pendulum) 경도에 미치는 영향을 조사했다. 120W / ㎝ lamp, 50m / min 의 속도로 여러 번 통과시킨 후 펜듈럼 경도를 비교해 놓은 것이 그림 8.6 이다.

첫 번째(TPGDA)가 마지막(DTMPTA)의 경도 차이는 테트라 아크릴레이트가 형성하는 가교 밀도가 더 높아, 더 단단한 필름이라고 설명될 수 있다.

이 그림은 단지 주어진 통과 횟수에서 DTMPTA가 TPGDA보다 더 단단한 필름을 갖는 것을 보여주는 그림이다.

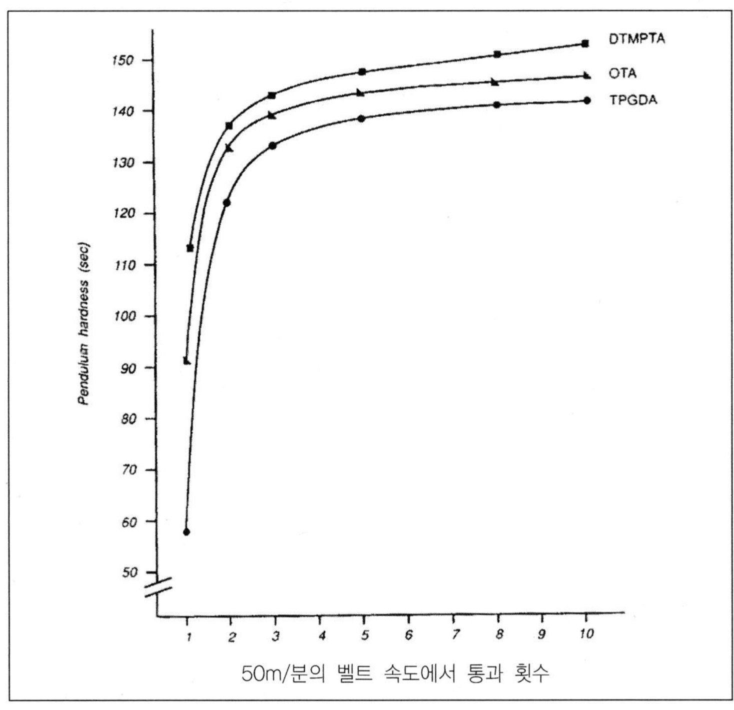

그림 8.6 관능기별 경화횟수에 따른 펜듈럼 경도 비교

올리고머의 화학적 구조와 관능기가 경도에 영향을 미친다.

6관능 방향족 우레탄 아크릴레이트, 이관능 에폭시 아크릴레이트, 불포화 폴리에스터 아크릴레이트를 비교하였다.

안료, 첨가제는 생략하였으며 UV 개시 시스템으로 5% 벤조페논, 1－hydroxycyclohexyl phenyl ketone(HCPK), 6% N－methyldiethylanolamine을 사용했다.

30% TPGDA가 희석되어 있는 각각의 올리고머의 결과가 그림 8.7에서 보인다.

에폭시 아크릴레이트가 폴리에스터 아크릴레이트보다 경화 속도가 빠르고, 6관능 우레탄 아크릴레이트이므로 에폭시 아크릴레이트보다 경화도 빠르고 필름이 단단하다.

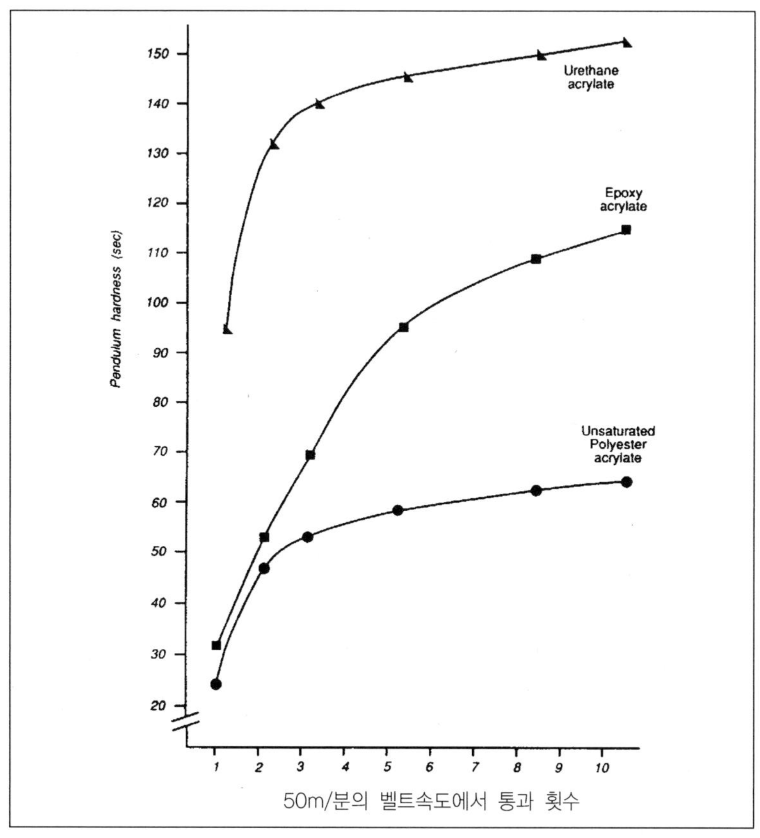

그림 8.7 30% TPGDA로 희석된 3가지 올리고머의 경화횟수에 따른 펜듈럼 경도비교

또한 이관능 에폭시 아크릴레이트가 이관능 우레탄 아크릴레이트보다 초기 경화가 빠르거나 비슷하다는 것을 나타내었다. 그러나 우레탄 아크릴레이트는 보다 적은 잔여의 이중결합을 포함하여 에폭시 아크릴레이트보다 좀 더 완전 경화되는 것으로 여겨진다. 이 결과가 그림 8.8에서 보인다.

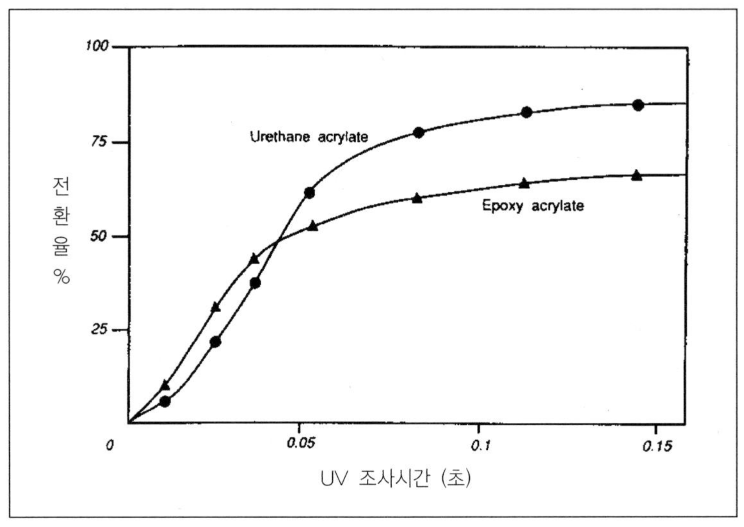

그림 8.8 두 가지 올리고머의 광조사량에 따른 전환율

또 다른 복잡한 인자가 광개시제 시스템이다. 광개시제 형태나 사용량이 바뀌면 경도결과가 바뀐다.

모노머에 따른 반응성 차이노 주의하여야 한다. 예를 들면, 아민 시너지스트(amine synergist)가 포함되어 있는 것과 없는 것의 배합에 에테르 모노머가 포함되면 다른 모노머와 비교하여 반응성 차이가 난다. 이것은 에테르 모노머가 수소흡인을 하기 때문이다.

펜듈럼 경도는 주어진 광조사하에서 필름 두께와 재질 성질에 관계된다. 보통, 30μm 필름에서 펜듈럼 경도를 측정하게 된다. 만약, 6관능 우레탄 아크릴레이트 / TPGDA(80 / 20) 배합의 경우 더 얇은 필름을 사용하면 더 단단한 필름을 얻게 된다. 이들 결과가 그림 8.9에서 보인다.

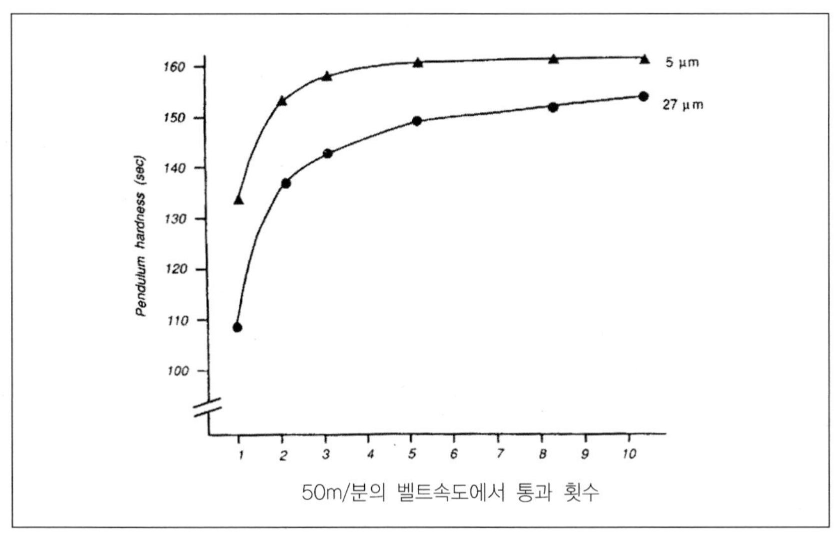

그림 8.9 20% TPGDA로 희석된 우레탄 아크릴레이트에서 필름두께에 따른 펜듈럼 경도 비교

필름이 얇아짐에 따라 재질의 성질이 필름 경도 측정에 영향을 미치며 또한, 필름이 얇아질수록 완전 경화가 더 잘될 것으로 기대가 된다.

만약 경화된 필름을 경도 측정 전에 상온에서 24시간 방치 후 경도를 측정하면 더 높은 결과를 나타내었다. 이 결과가 그림 8.10에서 보인다.

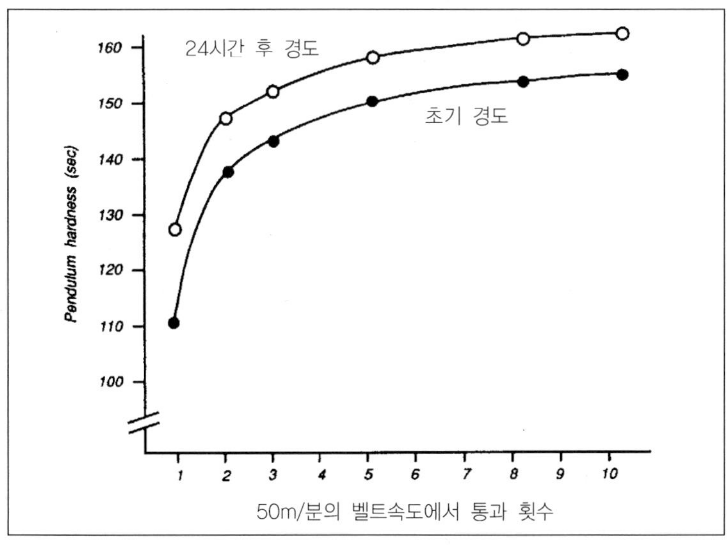

그림 8.10 20% TPGDA로 희석된 우레탄 아크릴레이트에서 경화 후 유지시간에
따른 펜듈럼 경도 비교

필름의 경화 속도를 실용적으로 비교하는 또 다른 방법이 있다.

예를 들면, 엄지손가락 비틀기(thumb twist)나 스크래치 테스트를 빠른 속도로 각각 통과시키거나 벨트 속도를 통과 횟수 'pass'로 측정하는 방법이 있다.

이 결과는 통과 횟수나 벨트 속도/램프로 각각 표현된다.

에폭시 아크릴레이트 50%, TPGDA 25%에 25% 모노머 종류별 경화 속도를 나타내었다. 모노머 반응순서는 다음과 같다.

이 결과는 동량의 무게 %일 경우이다. 아크릴레이트 관능기 농도를 같게 하거나 점도가 같은 것을 사용했을 경우에는 결과가 바뀔 것이다. 왜냐하면 분자량이 다르고 모노머 희석력이 다르기 때문이다.

주목할 것이 EOEOEA인데 단관능 모노머가 다관능 모노머보다 경화가 느리다는 일반적인 성향에 반대되고 있다. 이것은 10개의 흡입할 수 있는 수소를 갖고 있고, 점도가 낮아 이동성이 좋아 경화가 빠른 것이다.

그러나 EOEOEA는 자극적이어서 많은 응용에 제약을 받고 있다.

우레탄 아크릴레이트의 구조에 따른 경화 속도의 영향을 나타내었다. TDI를 기반으로 한 우레탄 아크릴레이트가 IPDI를 기반으로 한 것보다 경화가 빠르며 폴리올의 성질에 따라서도 경화 속도에 영향을 미친다. 선형의 폴리에테르 폴리올구조의 우레탄 아크릴레이트는 분기된 폴리에테르 폴리올구조보다 경화가 빠르다. 또한, 경화 속도는 올리고머의 관능기수보다 오히려 올리고머의 폴리에테르 함량에 더 관계가 있다고 보고하였다.

(2) 자극성

모든 UV 경화 배합은 본질적으로 무독성이다. 그러나 어떤 경우 NVP와 같이 발암물질로 의심이 되는 물질을 포함하고 있거나, TMPTA와 같이 독성의 물질을 포함하고 있다. 물질이 발암물질로 의심되어 분류되면, 모든 노력은 안전한 물질로 전환되는 데에 쓰이며 이러한 일들은 매우 빠르게 일어난다.

광경화 물질들 중 대부분은 낮은 증기압을 가지고 있으며, 이것은 증기를 흡입할 수 있는 위험이 낮다는 것을 의미한다. 주요 위험은 물리적인 피부 접촉이며, 눈이나 피부를 통한 흡수도 가능하다. 보호안경이나 장갑의 사용과 규칙적인 훈련은 피부와 눈의 독성위험을 최소화할 수 있다. 근래의 경향은 '더 새롭고, 더 안전한' 모노머의 개발이다. 어떤 경우 점도를 낮추기 위해 사용된 모노머에 의해 올리고머도 영향을 받게 된다. 많은 경우 낮은 독성을 가진 제품은 에톡시레이트(ethoxylate)나 프로폭시레이트(propoxylate)된 폴리올 아크릴레이트로 만들어졌다. 앞서 말한 에톡시레이트된 더 새로운 세대의 모노머의 이용을 증가시킨다. 이것들은 낮은 독성을 가지고 있으며 그렇지 않은 것에 비해 상대적으로 낮은 독성과 좋은 점도 개선력과 경화 속도를 향상시켜 준다.

(3) UV 경화 필름의 특성

경화 필름의 필요성은 앞에서 논의하였다. 이러한 필요에 의한 모노머와 올리고머의 선택 효과는 이제부터 논의할 것이다.

a) 필름의 외관

광택과 무황변은 경화된 필름에서 보이는 두 가지의 가장 중요한 가시적인 성질이다. 일반적인 규칙에 따라 UV 경화 필름은 다른 방법에 의해 얻어진 것에 비해 상당히 더 높은 광택을 가지고 있다. 이것은 내용제성을 가진 상대적으로 점도가 높은 UV계를 얻을 수 있게 되어 고차원적인 필름이 된다. 젖은 필름의 흡수나 침투는 나타나지 않는다. UV 경화 코팅의 주요 문제점은 너무 광택이 난다는 것이며, 반광택(계란껍질)을 주어 해결할 수 있으나, 편리한 용세에 의한 무광백 마감은 더 어렵다. 반광백을 내는 것보다는 무광택을 위해 많은 기술이 사용되었다. 때때로 용제를 부가하여 점도를 낮추는 것뿐 아니라 레벨링을 맞추기 위해 사용된다. 용제가 포함된 계에서, 젖은 필름(wet film)의 본질적인 부분(전형적으로 40~50%)은 그림 8.11처럼 증발에 의해 필름의 두께가 감소하게 된다.

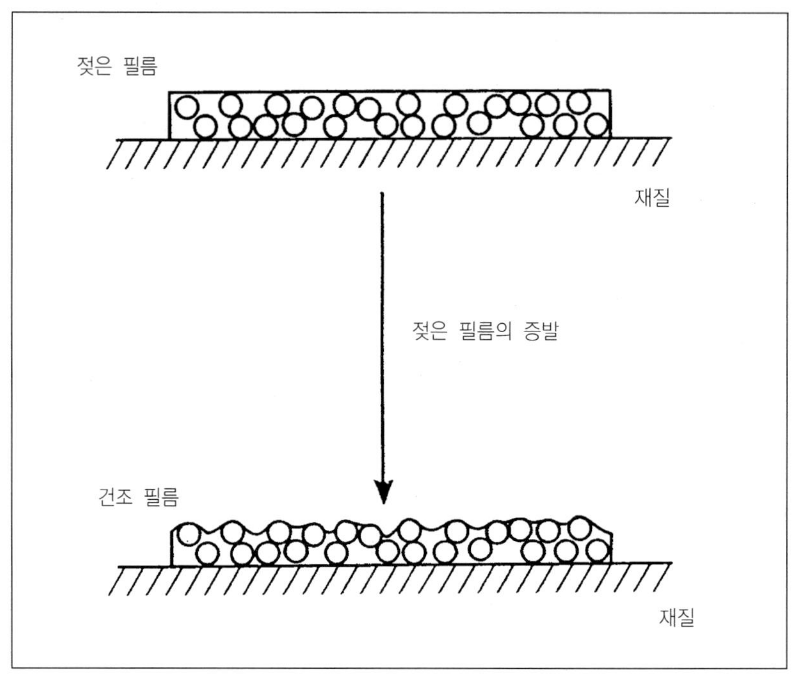

그림 8.11 용제가 포함된 필름에서 소광메커니즘

이름하여 무광택 필름을 얻기 위한 두 가지 요건은 다음과 같다.

1. 많은 수의 적당한 크기(전형적으로 몇 마이크론)의 입자의 일정한 분산
2. 경화되거나 건조되는 동안 젖은 필름(wet film)의 수축

첫 번째의 요구는 다공성 마이크로 실리카 무광택제를 이용하면 가능하다. 휘발성 용제를 사용하는 것은 두 번째의 요구를 충족시켜 준다. UV나 EB 경화의 용제 존재하에서 두 번째 항목은 수행되기 어려우며 경화상에서 수축의 정도가 중요한 영향을 미치게 된다.

느린 경화 필름은 빠른 경화 필름보다 무광택을 얻기 쉬우며, 빠른 경화

필름은 무광택을 얻기가 거의 힘들다.

무광택은 표면 현상이며, 표면의 경화 속도가 감소되면 얻어지는 무광택의 정도가 향상된다는 것은 그리 놀랄 일이 아니다. 개시제의 선택은 무광택에 중요한 영향을 미친다. 빠른 표면 경화는 고광택으로 만든다. 삼차아민 시너지스트는 산소 금지 효과를 완화하며, 표면 경화를 향상시키므로 고광택을 내게 된다. 좋은 표면 경화는 본질적으로 광택수준과 경화 속도를 적절히 타합하는 수준의 어떤 배합이냐에 달려 있다. 많은 무광택제가 점도에 나쁜 영향을 미치며, 고유한 점도를 상승시킨다.

필름의 두께 또한 무광택에 영향을 준다.

유기물 표면 처리에 의한 실리카 무광택제는 우레탄 아크릴레이트 배합에 더 낮은 수준의 광택을 준다. 6%로 처리한 것은 연질 PVC 바닥재의 UV 경화에서 25%의 광택을 보이며, 처리하지 않은 것은 45%의 광택을 보이고, 느린 경화를 보인다. 또한 표면 처리된 실리카는 처리되지 않은 것보다 낮은 점도를 준다.

입자크기 또한 무광택에 영향을 준다. 우레탄 아크릴레이트 배합에서 비록 $4\mu m$ 이하의 넓은 입자크기 분포를 갖더라도 입자크기가 $4\mu m$ 이상일 경우 무광택이 나타나지 않는다. 놀랍게도, 좁은 입자크기 분포를 갖는 실리카는 점도에 거의 영향을 받지 않는다. 하지만 에폭시 아크릴레이트 배합에서는 큰 입자크기를 가진 실리카를 사용하여 무광택을 준다. $8\mu m$ 이하에서는 무광택은 나타나지 않으며, 광택은 $12.5 \sim 17.5\mu m$ 범위의 실리카에서 입자크기의 증가에 따라 43%까지 감소한다. 점도는 입자크기의 증가에 따라 감소한다.

황변은 외부에 노출되었을 때 나타나는 방향족 부분에 의해 나타나는 필름의 문제이다. 이것은 방향족 우레탄 아크릴레이트나 비스페놀 A를 이용한 에폭시 아크릴레이트를 사용하는 것보다 지방족 우레탄 아크릴레이트를 사용하면 완화할 수 있다. HDDA를 사용하면 필름의 무황변 특성을 향상시킬 수 있다. 광개시제 혹은 그 잔여물은 필름의 황변이나 컬러에 큰 영향을 미치게 된다.

b) 내성(Resistance Properties)

일반적으로, 모든 가교된 UV 경화 필름은 뛰어난 내성을 보인다. 명백하게 산과 같은 반응성기를 가진 올리고머는 알칼리에 노출될 가능성이 있는 곳에는 사용할 수가 없게 된다. 일반적으로 내용제성은 뛰어나다. 가교된 네트워크는 불용성인 반면, 유기용제에 오랫동안 담그게 되면, 스웰링된다. 이러한 정도는 용제나 올리고머의 특성에 기인한다. 또한 우레탄 아크릴레이트가 폴리에스터 아크릴레이트보다 스웰링하는 경향이 있으며 이것은 그다지 용제의 종류에 영향을 받지 않는 경향이 있다.

이 결과는 표 8.4에서 보여준다.

표 8.4 다양한 용제에서 경화 필름의 팽윤에 대한 올리고머의 영향

용 제	% 팽윤도 (25℃에서 8일)		
	우레탄 아크릴레이트	에폭시 아크릴레이트	폴리에스터 아크릴레이트
톨루엔	2	1	0
메틸 에틸케톤	12	5	1
테트라하이드로 퓨란	15	7	1
아세톤	17	7	1
클로로포름	50	25	2

이 표에서 우레탄 아크릴레이트는 폴리에스터 아크릴레이트와는 다르게 용제의 성질에 매우 의존적이라는 사실을 보여주며, 에폭시 아크릴레이트는 중간적인 행동을 보여준다.

우레탄 아크릴레이트에서 IPDI에 기초한 것이 TDI에 기초한 것보다 내용제성이 더 좋다는 것을 나타내었다. 폴리에스터에 기초한 것이 폴리에테르에 기초한 것보다 내용제성이 좋다는 것을 보여주었으며, 가지 달린 것이

선형인 것보다 더 좋다는 것 또한 보여주었다. 내용제성은 작용기에 따라 증가하며, 가교밀도에 따라서도 증가한다. 분자량이 증가할수록 내용제성은 약간씩 감소한다.

또한 여러 우레탄 아크릴레이트에서 그 올리고머가 이관능보다는 삼관능이, 그리고 저분자량을 가진 것이 가장 좋은 내용제성을 나타낸다는 것을 확인했다.

c) UV 경화 필름의 기계적 성질

경도, 유연성, 접착력, 내마모성, 강도, 내구성, 내스크래치성 그리고 질김성(toughness)과 같은 기계적 성질은 경화 코팅에 매우 중요하다. 많은 이러한 성질들은 상호 관련이 있으며, 일차적으로 다음과 같은 요소에 의존한다.
ⅰ) 올리고머의 화학적 구조
ⅱ) 올리고머의 분자량
ⅲ) 모노머의 관능기
ⅳ) 가교 네트워크의 성질

경도(Hardness)

어느 정도까지는 경도에 대해서 이미 논의가 되었는데, 필름의 경도에 영향을 미치는 어떤 인자로 사용되었으며, 또한 경화 정도를 평가하는 의미로 사용되었다. 필름의 경도를 측정하는 데는 많은 방법이 있다. 연필경도는 6B~6H, 그리고 펜듈럼추경도는 Persoz나 Konig로 측정 가능하다. Sward rocker 경도는 Knoop indentation 경도가 될 수 있다. Shore 경도는 경도를 결정하는 한 가지 방법으로 필름 적용에 사용된다.

코팅의 경도는 경화 필름의 가교밀도의 증가에 의해 향상된다. 모노머의 관능기를 증가시키는 것이 더욱 쉬운 방법이다. 매우 높은 Tg(유리전이온도)의 조성을 갖는 올리고머의 사용으로 필름 경도를 높일 수 있다. 더욱 경질의 올리고머와 가교 또한 너욱 경노 높은 경화 필름을 만든나. 예로 방향족 그룹을 갖는 구조는 싸이클로 – 지방족 그룹을 갖는 비슷한 것보다 더욱 경도가 크다. 이와 같이, 방향족 에폭시, 우레탄이나 폴리에스터 아크릴레이트는 지방족보다는 더욱 경도가 큰 필름을 만든다. 올리고머의 구조적 효과와 모노머의 관능기수에 의한 경도 영향은 표 8.5에서 보여준다.

표 8.5 올리고머 및 모노머에 대한 Persoz 경도

시스템		Persoz 경도
올리고머	모노머	(seconds)
유리		400
지방족 우레탄 아크릴레이트	EDGA	40
	HDDA	175
방향족 에폭시 아크릴레이트	HDDA	290
	TMPTA	385

EDGA(ethyldiethyleneglycol acrylate)는 단관능 아크릴레이트이다. 이것을 HDDA로 바꿀 경우 경도는 4배나 증가한다. 명백하게 더 경도가 강한 필름은 내스크래치도 더 좋아진다.

모든 표면의 경화를 확실하게 하는 것도 필름의 경도를 높일 수 있다. 이 것은 광개시제의 양이나 종류를 조절함으로써 부분적으로 가능하다. 표면 경화가 좋은 벤조페논과 같은 광개시제를 사용하거나 아민과 광개시제를 함께 사용함으로써 표면의 산소금지를 극복함으로써 필름의 표면 경화를 향상시킬 수 있다. 다양한 모노머의 Konig 및 연필경도를 측정하였다. 연필 경도는 표면의 가교밀도 정도를 나타내는 데 유용하다. 일정한 조성에서 Konig 경도는 다음과 같은 순서로 감소한다.

TEGDA 〉 IBOA 〉 DPEPA 〉 DTMPTTA 〉 TTEGDA 〉 HDDA = TMPTA

PETTA 〉 PEA = TPGDA = TMPEOTA 〉 GPTA 〉 NPGPODA 〉 DDA 〉

GPPOTA 〉 PFG 200 DA = THEICTA 〉 PETA 〉 PEG 400 DA 〉 IDA 〉

TMPEOTOTA 〉 EOEOEA 〉 LA

반면에, 연필경도는 다음의 순서로 감소한다.

TMPEOTA 〉 PETTA = DPHA 〉 TMPTA =　 GPTA 〉 EOEOEA = HDDA =
TEGDA = DDA = PETA = THEICTA =　 TMPEOEOTA 〉 TTEGDA =
PEG 200 DA = DTMPTTA 〉 IBOA = TPGDA　 = NPGPODA = PEG 200
 DA 〉 LA = GPPOTA 〉 PEA 〉 IDA

주의할 것은 일반적 모노머 순서, 특히 TMPEOTA, EOEOEA, PEA, IBOA, TEGDA 그리고 DTMPTTA 등은 경도를 측정하는 방법에 의존하여 변화한다는 것이다.

에톡시레이트 모노머를 가진 연필경도가 높은 것들은 가지지 않은 것과 비교된다. 이것은 배합에 아민의 존재 없이도 산소금지를 극복할 수 있는데 이것은 빼앗길 수 있는 수소가 존재하기 때문이다.

에폭시 아크릴레이트의 경도가 TMPTA, TMPEOTA, GPTA 그리고 PTTA 등의 모노머에 의해 본질적으로는 영향을 받지 않지만, 모노머와 올리고머는 일정하게 배합의 점도는 변화한다. 그러나 이관능이나 삼관능 지방족 우레탄 아크릴레이트의 경우 모노머에 의해 영향을 받으며, TMPTA는 GPTA보다 더 경도가 높고 둘 모두는 TMPEOTA나 PPTTA보다 높다. 일정한 조성(50% 모노머)에서 에폭시 아크릴레이트의 배합은 차이가 거의 없다. 그러나 이관능 지방족 우레탄 아크릴레이트의 경우 경도는 다음의 순서를 갖는다.

TMPTA > GPTA > TMPEOTA > PPTTA

내마모성(Abrasion)

내마모는 Tabor abrader나 Sutherland rub 테스트로 측정할 수 있다. 본질적으로는 얼마나 마모에 필름의 표면이 얼마나 견디는가 하는 정도를 측정하는 것이다. 그러므로 내마모는 경도, 인장강도 및 강도에 비례한다. 약간의 첨가제, 특히 실리콘 아크릴레이트 등을 사용하게 되며, 내마모는 향상되다. 이것은 약간의 예외에 속하는데, 이러한 첨가제가 마모재료에 윤활유 역할을 하기 때문이다. UV 경화한 것이 용제에 기초한 것보다 더 뛰어나다.

접착(Adhesion)

코팅의 접착은 cross－hatch, tape이나 peel 테스트 등을 사용하여 결정할 수 있다. 접착은 많은 방법을 이용하여 어떤 코팅의 일차와 최종 테스트를 한다. 접착이 되지 않으면, 코팅도 되지 않는다. 모든 다른 기계적 성질을 시험함으로써 접착 정도도 추정할 수 있다. 중요한 것은 어떤 성질이 떨어진다면, 접착 또한 부족하게 된다.

좋은 접착은 다른 기계적 성질과는 다르게 많은 요인에 의해 결정되며, 젖음 성질이나 경화된 필름 모두 직접적으로 접착에 영향을 준다. 접착에 영향을 주는 요인을 표 8.6에서 보여준다.

표 8.6 UV 경화 필름의 접착에 영향을 주는 인자들

경화전	경화후
(i) 재질의 젖음성(wetting)	(i) 경화중 수축
(ii) 재질 제조방법	(ii) 재질과 화학적 상호작용
(iii) 재질 종류	(iii) 재질과 물리적 상호작용
(iv) 재질과 화학적 상호작용	(iv) 경화시간
(V) 재질과 물리적 상호작용	(V) 경화온도
(Vi) 접착증진제	(Vi) 후가열처리
(Vii) 재질의 성질(극성,비극성 등)	(Vii) 접착증진제
	(Viii) 내부경화 정도

젖은 필름의 표면장력이 기질의 절대 표면장력보다 크다면 코팅은 기질을 잘 적실 수 없으며, 경화된 필름은 매우 접착이 낮아지게 된다. 코팅의 표면장력과 기질의 절대 표면장력에 대한 지식은 배합을 하는 사람에게 매우 중요하다. 액체의 표면장력의 결정은 상대적으로 잘 알려져 있으나 기질의 절대 표면장력을 정확한 결정은 더욱 어렵다. 표면장력펜(suface tension pen)이 프린팅이나 패키징에 흔히 이용되며 빠르고 정확하게 결정할 수 있

게 한다. 그러나 새로운 저렴한 기기(Contact－meter)가 근래에 빠르고 정확하게 결정하는 데 사용되고 있다. 또한 기질의 오염을 보호하는 데 사용되며, 기질의 절대 표면장력은 길이와 폭에 매우 다양하며, 코로나 방전이나 화염 처리와 같은 전처리가 부정확하게 사용되었을 때에 특히 중요하다.

첨가제는 배합의 표면장력을 감소시키는 데 사용될 수 있지만 언제나 효과를 볼 수 있는 것은 아니다. 어떤 경우 경화된 필름의 다른 내성에 부정적인 영향을 끼치기도 한다. 기질의 전처리는 절대 표면장력의 변화 외의 목적에도 사용되기도 한다. 표면 오염물질과 가소제를 용제로 제거하는 것은 매우 유용하며, 젖음을 향상시킬 것이다. 기질표면의 거칠기 증가는 대부분 경화 필름의 더 좋은 요소를 제공함으로 접착력을 향상시킨다. 기질과 필름 사이의 화학적 물리학적 상호 작용은 경화를 하기 전, 하는 동안 혹은 한 후에 이익이 되거나 해를 준다. 물리적 상호 작용은 필름과 기질 사이에 수소결합이 포함된다. 화학적 상호 작용은 배합 성분의 산성기와 반응할 수 있는 염기성기 등이 한 예가 된다. 이것은 배합에 접착증진제를 첨가하여 이익을 얻을 수 있다. 이것은 보통 카르복실산이나 인산과 같은 작용기를 포함하는 분자이다. 금속과 같이 접착이 어려운 기질에는 접착증진제를 사용하여 향상시킬 수 있다.

경화 중의 수축은 용제필름보다 UV 경화 필름에서 더 문제가 된다. 높은 가교밀도는 30% 정도의 필름 부피를 수축시켜 기질로부터 떨어져 나가게 한다. 이것은 UV와 EB의 유일한 문제점이 되며, 특히 금속기질에 문제가 된다. 경화시간을 늘리게 되면 어느 정도 완화시켜 접착을 향상시킬 수 있으나, 대부분의 UV 라인은 가능한 빠른 속도를 거치게 하기 때문에 실제로는 이용되지 않는다. 경화 필름의 가교밀도를 감소시키면 수축이 감소된다.

이것은 다양한 방법으로 얻을 수 있다. 단관능 모노머는 다관능 모노머보다 수축이 적다. 또한 경화를 느리게 하면 접착의 향상에 도움이 된다. 그러나 단관능 모노머의 내성은 다관능에 비해 떨어진다. 다관능 모노머의 부분적인 단관능 모노머로의 치환은 가능한 타협점이다. 에톡시화나 프로폭시화가 많이 된 분사랑이 큰 나관능 아크릴레이트의 사용은 접착을 향상시킨다. 이것은 부분적으로 관능기당 분자량을 향상시켜 가교밀도를 떨어뜨리게 된다. 또한 알콕시레이션(alkoxylation)은 탄소-탄소결합의 운동자유도를 향상시킨다. 이것은 경화 과정 중의 내부응력의 완화를 돕는다.

또 다른 접근 방법으로 아크릴레이트당 고분자량의 올리고머를 도입하거나, 낮은 관능기의 올리고머를 결합하는 것이다. 이러한 접근은 아크릴레이트뿐만 아니라 포화 수지 또한 포함된다.

필름의 경화온도를 높이는 것은 더 쉽게 내부응력을 완화시키는 방법이다. 그러나 온도가 높으면 보통 경화 속도가 더욱 빨라진다. 후가열과정(post baking procedure)은 응력을 완화하여 접착을 향상시키며 이것을 'annealing' 필름이라 한다.

IPDI를 사용한 것이 TDI를 사용한 우레탄 아크릴레이트보다 더 좋은 접착력을 나타낸다. 가지화 폴리에테르 폴리올은 선형보다 더 접착력이 좋다. 접착력과 우레탄 결합의 중량이나 분자량 등과는 상관관계가 없다.

유연성(Flexibility)

유연성은 T-bend, Conical bend, Mandrel bend, Impact/Reverse impact, Tensile elongation 등의 다양한 시험방법이 있다. 유연성은 균열이나 벗겨짐 없이 물질이 구부려지는 능력을 말한다. 경화된 필름은 신장력과 팽창력을 가지고 있다. 어떤 코팅의 유연성은 적용된 기질의 유연성보다 커야 한다.

기질에 좋은 접착을 보이는 낮은 유연성은 필름에 균열을 일으키고, 기질에 나쁜 접착을 보이는 낮은 유연성은 필름이 벗겨지게 된다.

유연성은 가교밀도를 감소시켜 향상시킬 수 있다. 그러므로 아크릴레이트당 분자량이 큰 단관능 모노머나 올리고머를 사용하면 유연성이 향상된다. 올리고머의 구조는 유연성에 중요한 영향을 미친다. 우레탄 아크릴레이트에 헥산디올(hexanediol)과 같은 유연한 긴 사슬의 글리콜과 HMDI와 같은 지방족 이소시아네이트를 사용하면 TDI와 에틸렌글리콜이나 펜타에리쓰리톨을 사용하는 것보다 경화된 필름이 더 유연하다. 포화 수지의 부가도 가교밀도를 낮추어 유연성이 커진다. 그러나 포화 수지의 유리전이온도(Tg)와 배합에 첨가된 양은 최종적인 물성에 큰 영향을 준다. 유리전이온도(Tg)가 낮은 수지의 사용은 유연성에 좋지만, 내성은 떨어지게 된다. 어떤 종류의 올리고머, 특히 우레탄 아크릴레이트는 경화된 필름의 분자량이 증가하면 유연성도 증가한다.

여러 종류의 모노머의 UV 경화 배합에서 Mandrel 유연성을 검토하였다. 일정한 조성에서 유연성은 감소하는 순으로 아래에서 보여준다.

```
TMPOEOTA = PEG 400 DA 〉 EOEOEA 〉    IDA = LA = HDDA 〉 PEA =
NPGPODA 〉 PEG 200 DA 〉 IBOA =    TPGDA = TTEGDA = DDA 〉
TEGDA = GPTA = GPPOTA 〉 THEICTA =    TMPEOTA 〉 TMPTA = PETA
= DTMPTTA 〉 PETTA = DPHA
```

EO로 많이 치환된 저독성의 TMPEOEOTA와 PEG400DA가 가장 유연하다. 일정한 아크릴레이트 농도에서 가교밀도와 큰 고리구조와의 연관성이 알려졌다. IBOA와 DDA는 모두 유연성이 떨어진다.

일정한 점도의 배합에서 이관능 지방족 우레탄 아크릴레이트를 가지고 네 가지 모노머의 유연성을 조사하였다.

PPTTA>TMPEOTA>GPTA>>TMPTA

반면 삼관능 지방족 우레탄 아크릴레이트에서는 다음과 같다.

PPTA = TMPEOTA>GPTA>TMPTA

이것은 다시금 새로운 세대인 EO부가 모노머의 장점을 설명한다.

인장특성(Tensile Properties)

경화 필름의 인장특성(tensile property)은 측정이 어려우며, 인장강도(tensile strength), 신장률(elongation) 등이 결합된 특성으로 구성되어 있고, 파괴되는 동안 에너지를 흡수하는 코팅의 능력으로 설명된다. 인장특성은 기질로부터 분리된 상태로 측정된다. 경화된 물질의 덩어리('dog bone')는 인장시험기를 시험하는 데 사용되며 시료가 당겨지게 되고(stress), 늘어나게 된다(strain). 이것은 stress – strain 곡선으로 언급된다. 인장강도는 다음으로 정의된다.

$$\text{인장강도} = \frac{\text{지지받는 최대힘}}{\text{평균 단면적}}$$

외부의 힘이 시험재료의 강도를 초과하는 점으로 이후엔 파괴된다. 힘과 늘어남은 깨지는 점에서 최대가 되며 이때를 한계강도(ultimate strength), 파괴신장률(breaking elongation)이라 한다.

Stress – strain 곡선의 예를 그림 8.12에서 보여준다.

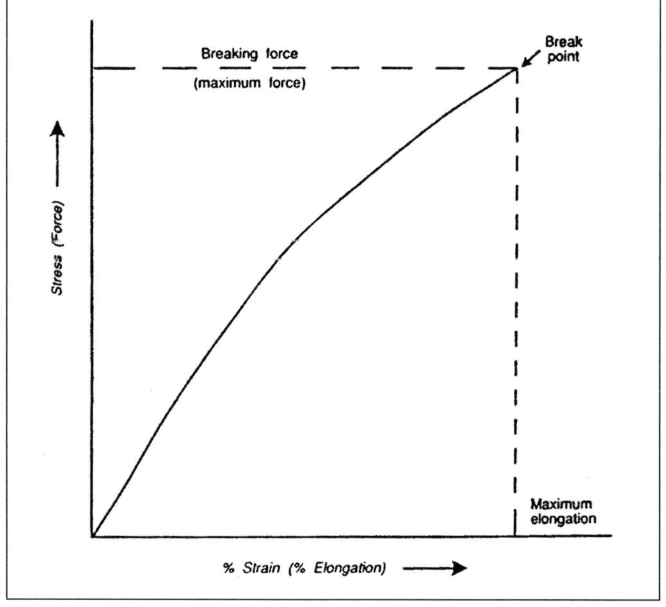

그림 8.12 Stress-Strain 곡선의 예

인장특성은 필름을 구성하는 가교도와 관능기에 관련되어 있다. 높은 가교밀도는 필름을 더 강하게 하며, 신장률은 낮게 한다. 배합의 유연성은 그 신장률에 명백한 영향을 받는다.

일반적으로 분자량이 크면 필름의 강도도 커진다. 분자량 분포 또한 인장특성에 영향을 준다.

희석제의 효과를 그림 8.13에서 보여준다. 희석량이 증가하면 신장률은 증가하고 인장강도는 감소한다.

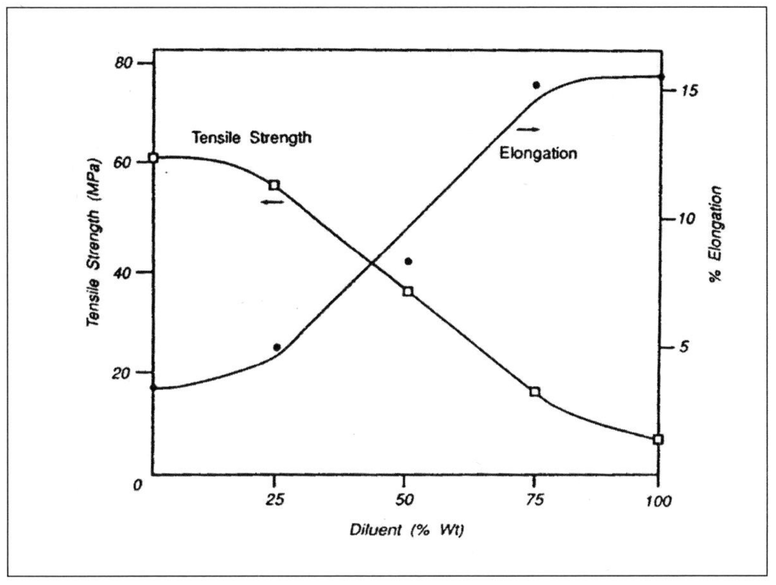

그림 8.13 에폭시 아크릴레이트에서 **Stress-Strain** 곡선에 대한 모노머 희석 %별 효과

다양한 모노머에서 이중결합당 낮은 분자량을 갖는 것이 경화된 필름에서 큰 인장강도를 나타낸다. 이것은 인장강도가 가교밀도의 영향을 받기 때문이다.

단관능 모노머는 다관능보다 일반적으로 낮은 인장강도를 갖는다. IBOA는 이것에서 제외되는데 이것은 bicyclic 고리 구조 때문에 제한적인 운동을 하기 때문이다. 탄화수소 모노머는 인장강도가 낮은데 에테르 등의 극성 간 상호 작용에 의한 인장강도의 향상이 없기 때문이다.

올리고머와 모노머의 고유한 인장강도를 검토하였다. 일반적으로 방향족 우레탄 아크릴레이트에서는 다음과 같다.

NVP > IBOA > PEA > EOEOEA = IOA

그러나 에폭시 아크릴레이트에서는 IBOA는 NVP보다 더 큰 인장강도를 갖는다. 이관능 모노머에서는 올리고머에 따라 더 혼란스러운 관계를 보인다. 에폭시 아크릴레이트에서는 다음과 같다.

TPGDA > NPGPODA > HDDA > TTEGDA > PEG 400 DA

세 개의 우레탄 아크릴레이트 중에 두 개는

HDDA > TPGDA > TTEGDA = NPGPODA > PEG 400 DA

반면에 다른 것은

TPGDA > TTEGDA > NPGPODA > HDDA = PEG 400 DA

이 우레탄 아크릴레이트는 가장 낮은 분자량을 가지며, 다른 것보다 더 높은 인장강도를 보인다. 어떤 경우 에폭시 아크릴레이트로 치환된 저분자량의 우레탄 아크릴레이트는 인장강도가 증가한다. 이러한 변화는 모노머에 의존하며, NPPOGDA와 HDDA는 인장강도를 증가시키며, 다른 것들은 감소시킨다.

모노머의 양에 의한 영향을 삼관능 아크릴레이트 모노머인 TMPTA와 TMPEOTA로 나타내었다. 저분자량 방향족 우레탄 아크릴레이트의 경우 다음과 같다.

25% TMPTA > 25% TMPEOTA = 50% TMPEOTA > 50% TMPTA

에폭시 아크릴레이트의 경우 25%나 50%의 TMPEOTA가 TMPTA가 인장강도가 더 높다.

또한 TDI가 IPDI보다 더 인장강도가 높은 것을 보여주었다. 분자량이 감소하면(아크릴레이트당 분자량) 가교밀도가 증가하여 인장강도가 증가한다.

디올(diol) 구조에 따른 인장강도의 관계를 나타내었다.

PE>PTMG>PC>PCL/LMW>PCL/MMW>PPG

아민보다는 수산기를 사용하는 것이 인장강도를 증가시킨다. 관능기의 증가에 따라 인장강도도 증가하지만, 분자량의 감소에 의한 것은 아니다.

분자량과 인장강도의 관계를 조사하였다. 그러나 폴리에스터 폴리올의 사용은 반응물과 우레탄 아크릴레이트의 구조의 성질은 변화시켜 폴리에스터 폴리올과 결합시킴으로 많은 다른 물성을 나타내게 한다. 분자량이 다른 세 개의 폴리에스터 폴리올(800, 1200, 1600)을 지방족 이관능 우레탄 아크릴레이트와 결합시켜 30, 40, 50%의 TPGDA와 배합한다. 인장강도는 다른 데이터와는 달리 분자량의 증가에 따라 증가하는 모습을 보여준다. TPGDA가 증가하게 되면 인장강도는 감소한다. 두 고분자량 올리고머의 인장강도는 30에서 50% 사이에서 TPGDA 양에 따라 비례하는 반면 저분자량 올리고머에서는 그렇지 않다.

신장률은 인장강도에 반대되어 고려된다. 높은 인장강도를 주는 것은 낮은 신장률은 주게 된다. 낮은 가교밀도는 신장률을 증가시키지만 낮은 인장강도를 보인다.

낮은 가교밀도와 인장강도는 정반대일 필요는 없다는 것을 보여준다. 비슷하게 높은 가교는 어느 정도의 유연성을 유지한다. 모노머의 경우 GPPOTA는 EOEOEA 정도의 평균 인장강도에 비해 높은 신장률은 보인다. 에테르 결합을 가진 모노머는 가장 높은 신장률을 가지며, 이것은 이동성이 대단히 뛰어나기 때문이다. 에테르 결합의 극성으로 인해 인장강도는 증가된다.

아래와 같은 소합의 우레탄 아크릴레이트의 준비가 가능하나는 것을 보여주었다.

1. 낮은 인장강도 / 낮은 신율(Low tensile strength/high elongation)
2. 높은 인장강도 / 낮은 신율(High tensile strength/low elongation)
3. 중간 정도의 인장강도 / 높은 신율(Medium tensile strength / high elongation)
4. 중간정도의 인장강도 / 적당한 신율(Medium tensile strength / moderate elongation)
5. 낮은 인장강도 / 적당한 신율(Low tensile strength / moderate elongation)

이것은 무엇이 실제적으로 가능한지에 대한 많은 가정을 부정한다. 또한 우레탄 아크릴레이트의 다양성을 보여준다.

또한 폴리에스터 폴리올 지방족 우레탄 아크릴레이트의 분자량 증가에 따라 신장률의 증가를 보여주었다. TPGDA의 양이 증가하면 신장률도 증가한다. 인장강도의 경우 두 개의 가장 높은 분자량에서는 TPGDA의 양에 비례하지만 가장 낮은 폴리에스터 폴리올의 경우에는 그렇지 않았다.

중간분자량의 극성 모노머(PEA와 EOEOEA처럼)와 중간 정도의 방향족 우레탄 아크릴레이트의 조합은 다른 조성을 가진 것에 비해 신장률의 불균형적인 향상을 보인다. 이것은 극성 모노머와 그 올리고머 사이의 상승효과에 기인한다. 에폭시 아크릴레이트와 높은 가교밀도의 우레탄 아크릴레이트의 경우 신장률의 효과를 나타내는 것을 선택하기는 힘들다. 중간적인 우레탄 아크릴레이트의 경우에 다음과 같은 순서를 갖는다.

PEA>EOEOEA>IOA=IBOA>NVP

가장 고분자량의 우레탄 아크릴레이트의 경우는 다음과 같은 순서를 갖는다.

IBOA>NVP>PEA>IOA> EOEOEA

이것은 모노머와 올리고머의 조합이 물성에 얼마나 절대적인 영향을 주
는지를 보여주며, 다른 비슷한 조합으로부터 새로운 조합에 의한 효과를 예
상하는 것이 얼마나 어려운 일인가 하는 것을 보여준다.

가장 낮은 분자량의 우레탄 아크릴레이트와 25% 이관능 모노머의 경우
신장률의 차이는 없다. 50% 모노머에서는 다음과 같은 제한적인 경향을 보
인다.

PEG 400 DA>TTEGDA>TPGDA>NPGPODA>HDDA

에폭시 아크릴레이트와 25% 모노머의 경우 다음과 같은 순서를 보인다.

TPGDA>PEG 400 DA>TTEGDA>NPGPODA> HDDA

반면에 50%의 경우에는 다음과 같다.

PEG 400 DA>NPGPODA>TTEGDA>TPDGA>HDDA

중간의 우레탄 아크릴레이트와 25% 모노머의 경우 다음과 같다.

PEG 400 DA> NPGPODA> TTEGDA>TPDGA>HDDA

반면에 50%의 모노머의 경우는

TTEGDA>PEG 400 DA>NPGPODA>TPGDA>HDDA

고분자량의 우레탄 아크릴레이트와 25% 모노머의 순서는

NPGPODA>TTEGDA>TPGDA>HDDA>PEG 400 DA

50% 모노머의 경우는

TPGDA>NPGPODA>TTEGDA>PEG 400 DA>HDDA

우레탄 아크릴레이트에서 디올(diol)의 분자량에 따라 신장률이 증가하는 것을 확인했으며, 이것은 가교밀도의 감소에 해당한다.
또한 IPDI가 TDI보다 기대한 것처럼 신장률이 좋다는 것을 확인하였다. 우레탄 결합당 분자량의 증가는 신장률의 증가를 보여준다.

기계적 물성 요약

특히 우레탄 아크릴레이트와 같은 재료의 다양한 물성 때문에 일반적인 가이드라인을 얻기는 매우 힘들다. 그러나 폴리에스터, 에폭시 그리고 연질 우레탄 아크릴레이트의 경우를 표 8.7에 나타내었다.

표 8.7 올리고머 종류별 기계적 물성

올리고머 형태	에폭시 아크릴레이트	폴리에스터 아크릴레이트	우레탄 아크릴레이트
인장강도 kg/cm^2	300	200	150
신장율%	3	2	80
펜듈럼 경도 (sec)	270	300	150
유리전이온도(Tg ℃)	60	40	−20

표 8.7에서 보여준 것처럼, 에폭시 아크릴레이트의 경우 매우 강한 올리고머이고 가장 높은 유리전이온도(Tg)를 갖는다. 에폭시와 폴리에스터 아크

릴레이트의 신장률은 특히 우레탄 아크릴레이트에 비해 매우 낮다.

기계적 물성의 모노머의 관능기에 의한 효과를 표 8.8에서 보여준다.

표 8.8 경화 필름의 기계적 물성에 관한 관능기의 영향

성 질	관능기의 증가
인장강도	↑
신장율	↓
경도	↑
유연성	↓
충격강도	↓
여기서 ↑ 는 물성의 증가를 나타낸다	

d) 열안정성(Thermal Stability)

UV 경화 필름의 열안정성은 일반적으로 비슷한 화학적 구조를 가진 열경화 필름에 비해 우수하다. 열안정성은 가교밀도에 의존하며, 관능기의 증가에 따라 증가한다. 이와 같이 아래처럼 모노머의 관능기에 따라 열안정성을 보여준다.

Tetrafunctional 〉 Trifunctional 〉 Difunctional 〉 Monofunctional

예로 에폭시 아크릴레이트의 열안정성을 조사하였는데, 120도에서 2000시간 동안 공기 중에서 방치한 후에도 필름의 광학적, 물리적 그리고 IR상의 변화가 없었다. 이것은 필름의 열적 특성이 매우 뛰어남을 보여준다.

EB 경화 코팅은 광개시제의 잔여물이 전혀 없으므로 EB 경화 필름에 존재하지 않고, 이 때문에 UV 경화된 것보다 더 뛰어난 열안정성을 보여준다.

e) 내후성(Weatherability)

그림 8.14처럼 고분자의 내후성은 여러 요소의 다양한 영향을 받는다.

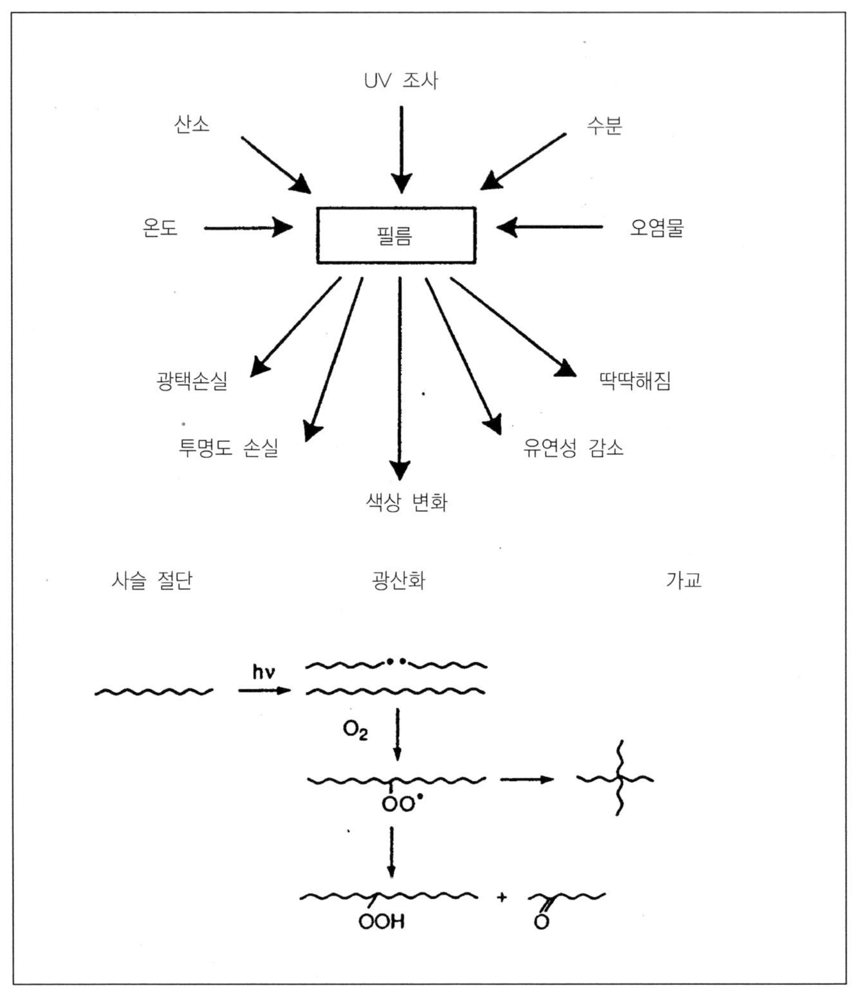

그림 8.14 UV 경화 필름의 내후성 및 화학 상호 작용

광유도 분해는 빛에 의해 특히 UV에 의해 나타날 수 있으며, 그로 인해 고분자 사슬의 쪼개짐이 일어난다. 그런 후에 공기 중의 산소와 상호 작용하여 과산화 라디칼(peroxy radical)을 생성한다. 이러한 라디칼은 고분자 네

트워크의 다른 부분과 반응하여 과산화물을 형성하고, 사슬 절단반응이 일어나고 경화된 필름의 성질은 급격히 떨어지게 된다. UV 경화 필름의 높은 가교 밀도는 다른 종류의 필름에 비해 그들의 광분해를 제한하는데 이것은 형성된 라디칼의 유동성이 매우 제한을 받기 때문이다. 그러나 잔여 개시제가 빛에 의해 활성화될 수 있으므로 라디칼이 형성될 수 있다. 그러므로 EB 경화 필름에서는 더욱 내성을 보인다.

광경화 필름의 광노후도는 경화 정도, 모노머의 관능기수, 올리고머의 화학적 구조 그리고 잔여 개시제의 양과 종류에 의존한다.

경화 정도가 더 큰 것은 후속적인 반응이 일어날 수 있는 이중결합수가 더 적다. 모노머의 관능기수가 더 많은 것은 가교밀도가 더 높으며 광분해 정도가 작게 된다. 반대로 다관능의 모노머는 반응하지 않는 이중결합의 수가 더 많을 수도 있다. 이것은 명백하게 필름의 내후성에 해로움을 준다. 잔여물의 수가 적으면, 반응할 수 있는 것이 더 적어진다.

방향족 올리고머는 비슷한 지방족 올리고머에 비해 광노후에 덜 안정하다.

경화된 필름의 황변(혹은 변색)도 이러한 경향을 보인다. 고분자의 광가교, 안정성, 분해도는 많은 사람들이 연구했다. UV 경화 필름의 광산화 안정성을 수산기 흡수(hydroxyl absorption)($345\,cm^{-1}$)의 증가와 알킬 수소 흡수(alkyl hydrogen absorption)($2,878 \sim 2,889\,cm^{-1}$)의 감소를 측정함으로써 결정하였다.

EB 경화 필름은 초기에 더 광안정성을 보이지만, 실제로 UV 경화와 같은 산화속도를 나타내는데 이것은 광개시제의 잔여물이 산화 과정에서 자동지연을 하기 때문이다. 이것은 특히 광개시제의 일부로 아민이 있을 경우에 나타나는데, 효과적으로 산소를 탈취하기 때문이고 고분자 네트워크를 보호하게 된다.

삼관능 모노머, GPTA, TMPTA, TMPPOTA 그리고 TMPEOTA 등을 비교하였으며, 5% 벤조페논으로 안정성의 순서는 다음과 같다.

TMPPOTA = GPTA = TMPEOTA

TMPTA 필름은 벤조페논을 사용했을 때에 경화되지 않는다. 이것은 이 동할 수 있는 수소의 부족 때문이며, 보통 아민에 의해서 제공된다.

5%의 HCPK(1 – hydroxycyclohexyl phenyl ketone)의 순서는 다음과 같다.

TMPTA > GPTA = TMPPOTA > TMPEOTA

벤조페논/MDEA(5%/5%)의 결과는

TMPTA > TMPEOTA > GPTA > TMPPOTA

이와는 대조적으로 EB 경화에서는 다음과 같은 순서를 갖는다.

TMPTA > GPTA TMPPOTA > TMPEOTA

경화에 사용되는 광개시제에 따른 필름의 광안정성은

EB〉Benzophenone / MDEA 〉 HCPK 〉 Benzophenone

MDEA는 산소를 탈취하므로, 안정성의 정도를 향상시킨다.

EB 경화 필름은 알렌(Allen)에 의해 알려진 그림 8.15처럼 UV 경화와는 다른 광산화 경향을 나타낸다.

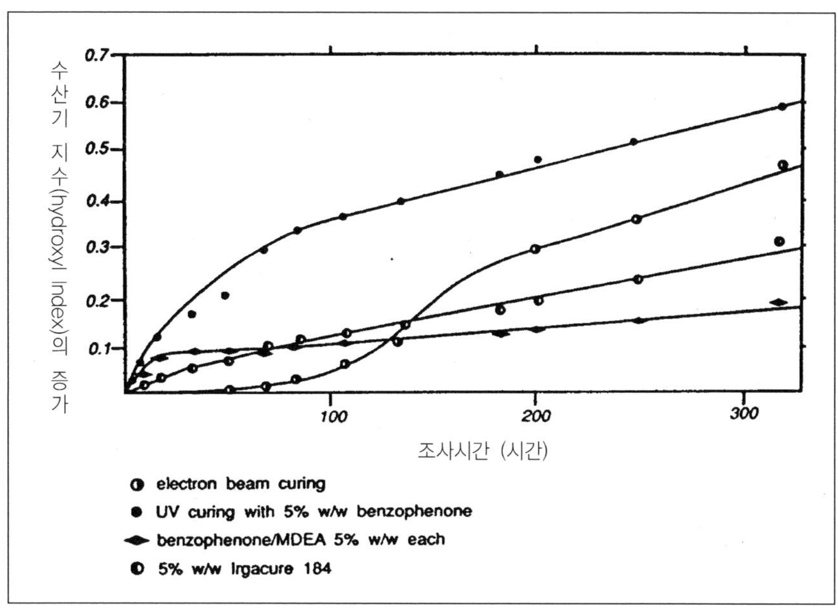

그림 8.15 GPTA를 기반으로 한 12 μm의 필름에서 광조사량에 따른 수산기 지수의 변화

폴리에테르의 안정성과 구조와의 관계는 다음과 같다.

$$\text{No} \quad \text{Ether} \quad \rangle - O - CH_2 - CH(CH_3) \quad - O - \rangle - O - CH_2 - CH_2 - O -$$

아민 아크릴레이트 구조에 대한 안정성의 효과를 검토하였다. 다른 아민이 마이클 부가(Michael addition)에 의해 TMPTA의 아크릴레이트 이중결합에 부가되면 아민 디아크릴레이트(amine diacrylate)가 생겨난다. 모든 UV 경화 필름은 UV에 더욱 노출되면 초기에 황변되지만, 일정 정도의 광탈색이 된다. 잔여 벤조페논은 황변과 탈색을 모두 겪는다고 주장했다. 아민의 구조는 일반적으로 황변에 영향을 준다. 하이드록시 아민(Hydroxy amine)은 비황변에 더 좋다. 이것은 아민의 α위치에 수소를 이동시키기에 더 좋기 때문이다. 디싸이클로헥실아민(Dicyclohexylamine)은 황변에 가장 안정한 것으로 알려져 있는데 이것은 두 개의 큰 고리가 입체장애로 conjugated chromo- phore를 형성하는 것을 최소화하기 때문이다. 아크릴레이트 아민(Acrylated amine)은 EB

배합에도 적용할 수 있다. 황변의 정도는 알킬의 길이의 증가에 따라 증가한
다. 이것은 conjugated chromophore의 잠재성이 더 크기 때문이다.

UV 황변의 정도는 다음에 의한다.

di-n-propylamine 〉 di-n-butylamine 　〉 N-ethylbutylamine 〉
di-n-pentylamine 〉 diethylamine 〉 N-ethylethanolamine 〉
diisopropylamine 〉 N-methylethanolamine 〉 diethanolamine
〉 dicyclohexylamine

EB의 경우는 다음과 같다.

di-n-pentylamine 〉 di-n-butylamine 　〉 di-n-propylamine 〉
N-ethylbutylamine 　〉 diethanolamine 〉 diethylamine 〉 diisopropylamine
〉 N-ethylethanolamine 〉 N-methylethanolamine 　 dicyclohexylamine

다관능 아민 아크릴레이트인 모폴린(morpholine), 디싸이클로헥실아민(dicyclo-
hexylamine), 디부틸아민(dibutylamine)과 디에틸아민(diethylamine)을 포함한 여
러 종류의 GPTA를 준비하였다. 12μm 두께의 필름을 5% 벤조페논을 이용
하여 UV 경화하여 다양한 안정성을 조사하였다.

Dicyclohexyl 〉 diethyl 〉 morpholine 〉 dibutyl

디싸이클로헥실아민의 증가된 안정성은 질소의 α위치에 탄소 - 수소결합
의 수가 감소되었기 때문이다. 모폴린(Morpholine)의 안정성은 복합체 상호
작용(exciplex interaction)을 하는 벤조페논을 위한 수소주개를 할 수 있는
에테르 산소(ether oxygen)의 인접위치의 탄소 - 수소결합의 존재로 설명된
다. 이러한 화합물은 모두 광황변을 보여준다. 광탈색(photobleaching)을 하
는 아민 치환체는 황변을 보이지 않는다.

EB 경화에도 비슷한 실험을 하였으며, 에틸에탄올아민(ethylethanolamine),

메틸에탄올아민(methylethanolamine)과 디메틸아민(dimethylamine)으로부터 유
도된 아민아크릴레이트를 이전의 아민아크릴레이트에 부가하여 조사하였다.
안정성의 순서는 다음과 같다.

> Methylethanolamine 〉 ethylethanolamine 〉 dicyclohexylamine
> 〉 morpholine 〉 dimethylamine = diethylamine = dibutylamine

더욱이 디부틸아민은 UV에서보다 EB에서 더욱 안정하며 이와 대조적으
로 디에틸아민은 덜 안정하다. 가장 안정한 부류들은 에테르 결합이나 수산
기 그룹을 가지는 것들이다. 흥미롭게도 가장 좋지 않은 세 종류의 아민은
질소의 α위치에 같은 수의 이동할 수 있는 수소를 갖는다. EB 필름에서 광
황변 거동은 UV 경화와는 다르다. 광황변의 경우는 다음과 같은 순서를 가
진다.

> Methylethanolamine = ethylethanolamine = dicyclohexylamine
> = dimethylamine 〉 morpholine 〉 diethylamine 〉 dibutylamine

아민 아크릴레이트의 아크릴레이트 부분의 구조에 따른 효과는 다음과
같다.

> TMPTA 〉 GPTA 〉 TMPEOTA

TMPTA의 경우에 가장 안정하다. TMPTA에서 에테르 결합의 부족은 그
안정성을 설명해 준다.

만일 빛 특히 UV가 광노화(photoageing)와 광분해(photodegradation)에 의
한 내후성의 가장 일차적인 요소가 된다면, 필름에서 이런 요소를 제거하는
것이 필름의 특성을 향상시키기 위해 매우 중요하다. UV나 EB에 사용되는
광안정제(light stabilizer)에는 크게 두 가지 종류가 있으며 다음과 같다.

ⅰ) 하이드록시벤조트리아졸과 같은 UV 흡수제(UVA) 또는

ⅱ) 힌더드 아민 광 안정제[Hindered amine light stabilizers (HALS)]

UV 경화 우레탄 아크릴레이트에 안정제를 사용하여 향상시킨 예를 그림 16 - 18에서 보여준다. 여기에서는 가속된 내후성을 보여준다. 그림 8.16에서는 카바메이트 그룹(carbamate group)의 손실로 광분해 측정하였으며, 광 노출 시간에 따라 안정화된 것과 그렇지 않은 것을 비교하였다. 안정제의 효과는 매우 놀랍다. 그림 8.17에서는 산화생성물의 양을 보여준다. 그림 8.18은 QUV에서 습도 100%와 40도에서 2000시간 동안 UV에 노출되었을 때의 광택저하와 황변을 보여준다. 이것은 매우 중요한 결과이다.

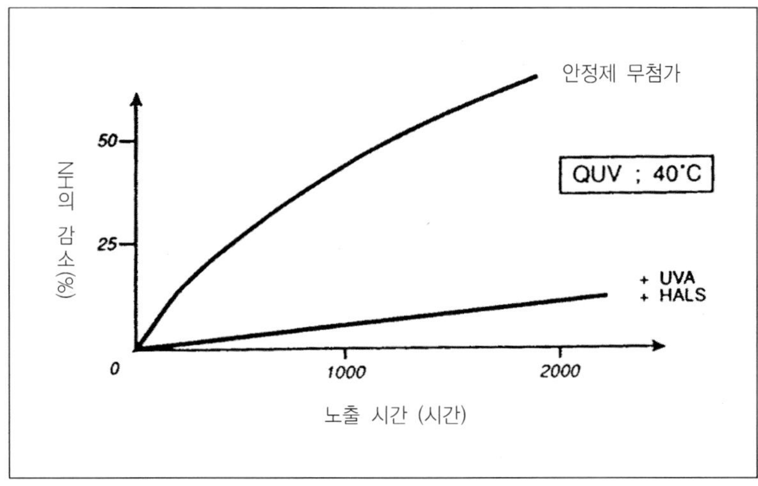

그림 8.16 우레탄 아크릴레이트에서 안정제 첨가 유무에 따른 카바메이트 그룹의 손실

표면코팅을 형성하는 모든 층에 광안정제를 첨가할 필요는 없다. 만일 낮은 층에 안료가 포함되어 있다면, 투명 상도 코팅은 광안정제를 포함시켜야 한다. 상도 코팅은 UV 차단제로 행동한다. 상도 코팅은 UV 흡수제를 담고 있는 반면, 경화 속도는 감소되지만 안료를 포함하고 있는 것처럼 감소되지는 않는다. 자외선 차단 정도는 UVA의 농도에 의존하며, 그림 8.19에서 보여준다.

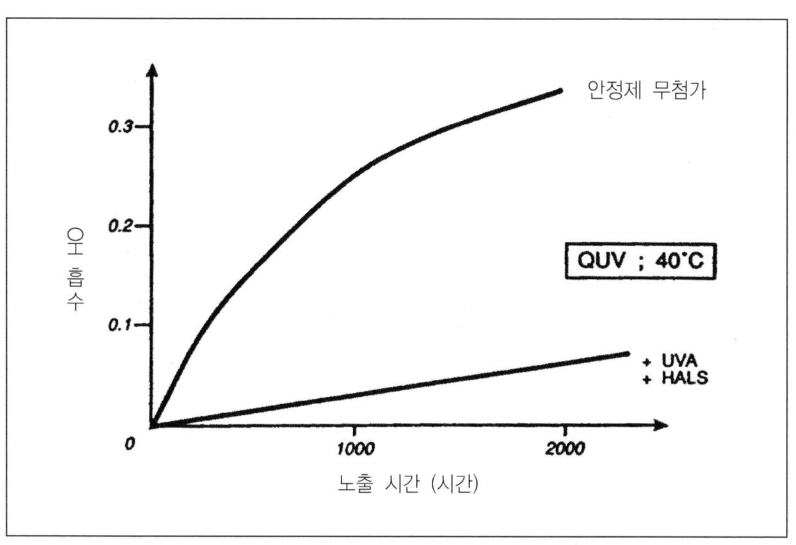

그림 8.17 우레탄 아크릴레이트에서 안정제 첨가 유무에 따른 산화 생성물 정도

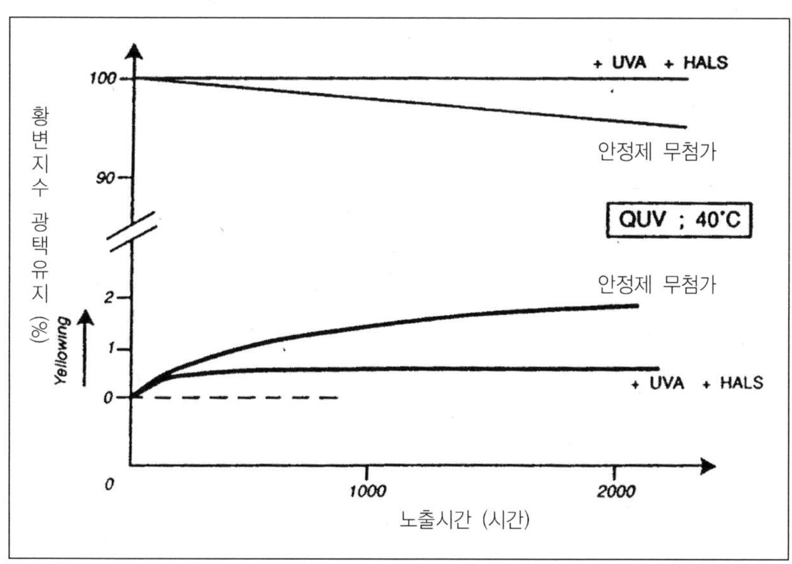

그림 8.18 우레탄 아크릴레이트에서 안정제 첨가 유무에 따른 광택유지도 및 황변지수

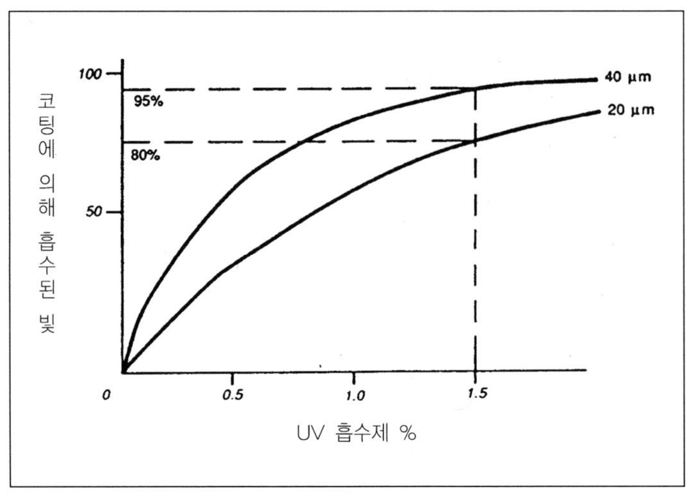

그림 8.19 광안정제가 함유된 투명상도 코팅의 자외선 필터 효과

이것은 코팅을 보호하는 데에 국한되지 않고, 기질은 보호하는 데에도 사용될 수 있다. 예로 PVC의 안정화를 보호하는 데에 사용하였다. 그림 8.20에서는 PVC를 안정화하는 놀라운 효과를 보여준다.

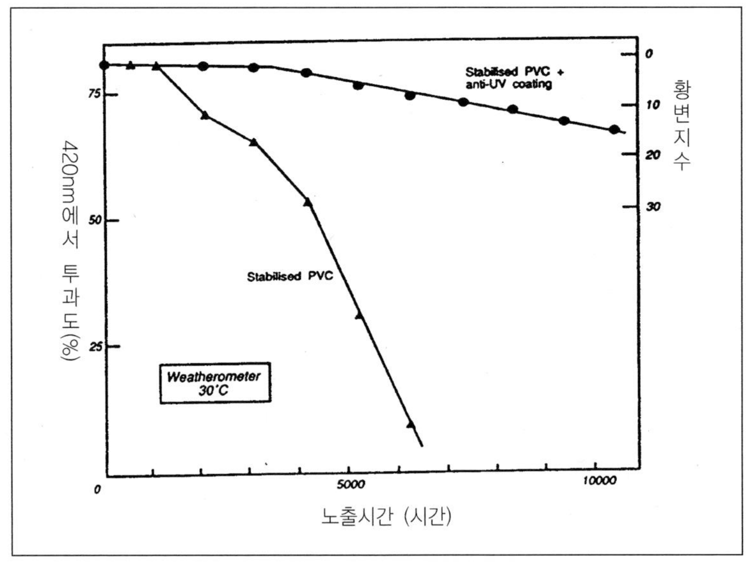

그림 8.20 UVA 안정제가 함유된 상도 코팅을 사용한 PVC의 안정화

2.3 EB 경화 필름의 특성에 대한 모노머 / 올리고머의 영향

EB 배합과 EB에 의해 경화된 필름 사이의 관계에 대한 데이터는 적다. 우레탄 올리고머가 사용되었으며 펜듈럼 경도로써 완전 경화를 측정했다. 필름경도의 측정은 여러 가지 dose의 양에 따라 경화 프로파일(cure profile)을 완성했다. 두 가지 프로파일이 그림 8.21에서 보인다. 세 가지 함량의 TPGDA와 OTA(GPTA)가 사용되었다.

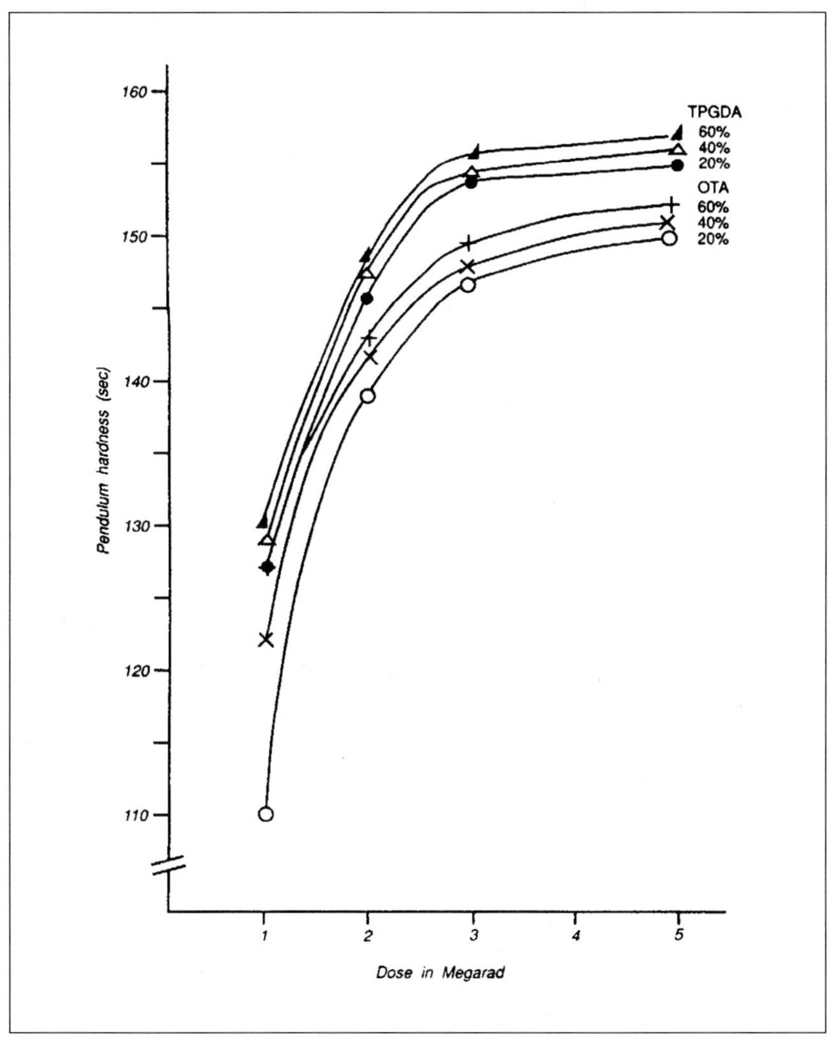

그림 8.21 두 가지 모노머의 EB 경화 경도비교

보다시피 완전 경화 시까지 어떤 함량의 희석제도 dose의 양이 증가함에 따라 경도가 증가한다. 주어진 모노머에서도 약간의 차이는 있지만 희석량이 증가함에 따라 필름 경도가 증가하는 것을 볼 수 있는데 이것은 UV 경화 필름과 정반대되는 것이다.

일반적으로 UV와 EB 경화 배합은 경도만 제외하면 같은 경향을 보인다. 보통, PI나 PI 잔여물이 없는 것이 이런 경향을 향상시키는 것으로 보인다. 또한 UV 경화된 것보다 EB에 의해 경화된 필름이 내후성과 열안정성도 향상되는 것으로 전통적으로 여겨진다.

2.4 UV 및 EB 경화 필름에 대한 경도/조성 관계에서의 차이점

UV, EB 경화 필름의 조성과 경도 사이의 관계를 요약한 것이 그림 8.22이다. UV, EB을 완전 경화 시까지 조사시켰으며 TPGDA와 OTA(GPTA) 함량을 증가시켜 경도 영향을 비교하였다.

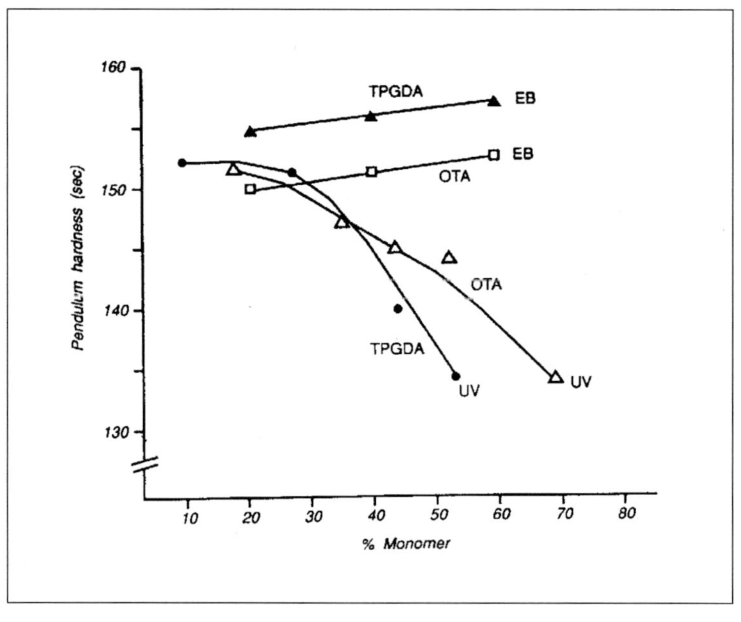

그림 8.22 두 가지 모노머로 희석된 우레탄 아크릴레이트에서 UV와 EB의 경도비교

그림 8.22로부터 EB 경화 필름이 UV 경화 필름보다 더 경도가 높은 것을 볼 수 있다.

EB 경화 필름은 모노머함량이 증가함에 따라 경도가 점점 높아지고 반면, UV 경화 필름은 더 부드러워지는 것을 볼 수 있다. 더욱이 UV 경화 필름의 경우 2관능이 3관능 모노머보다 더 부드러우며 편차가 큰 것을 볼 수 있다.

EB 경화 배합에서 모노머 함량이 증가함에 따라 경화된 필름이 더 딱딱해진다. 이것은 모노머 분자가 UV 경화보다 EB 경화에 의해 보다 쉽게 가교된 네트워크를 형성하기 때문이다.

3. 광개시제

3.1 필름 두께와 흡수

필름의 어떤 부분에서의 빛의 세기와 입사하는 빛의 세기의 상관관계를 대략적으로 나타낸 법칙이 Beer – Lambert 법칙이다.

$$I = I_0\, e^{-\in \cdot d \cdot c}$$

여기서:

I_0 필름표면에서 빛의 세기

I 필름의 표면으로부터 깊이 d에서 빛의 세기

C 광개시제의 농도

$\in$ 광개시제 및 다른 흡수종의 몰 흡수이고 $\in$는 파장에 의존한다.

Beer – Lambert 법칙을 사용해서, 코팅의 어떤 깊이의 빛의 세기를 계산할 수 있다. 그림 8.23은 단위 두께의 필름에 대한 입사하는 빛의 세기의 비율로써 어떤 깊이의 개략적인 강도를 보여주고 있다.

3가지 흡광계수(ε), 즉 낮음, 중간, 높음이 이 법칙을 보여주고 있다.

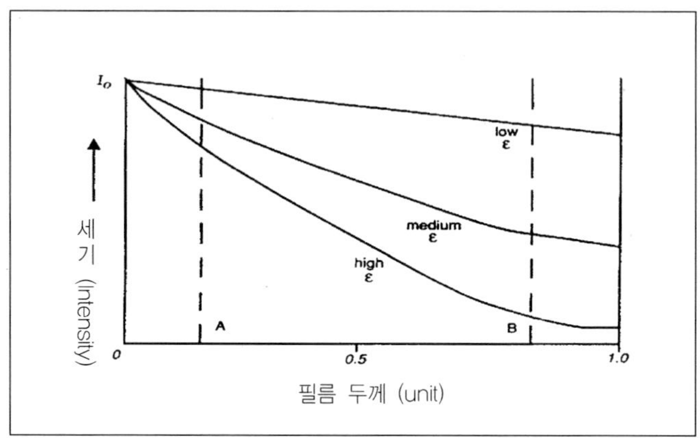

그림 8.23 다양한 필름 두께에서 다른 흡수계수에 대한 빛의 세기

광개시제가 빛을 모두 흡수한다고 가정하면, 특히 표면 경화의 경우 광개시제 농도가 높을수록 경화 속도가 빨라지게 된다. 그러나 코팅의 낮은 부분까지 빛이 도달하는 데 제약을 받게 된다. 이런 영향을 그림 8.24에서 보여주고 있다.

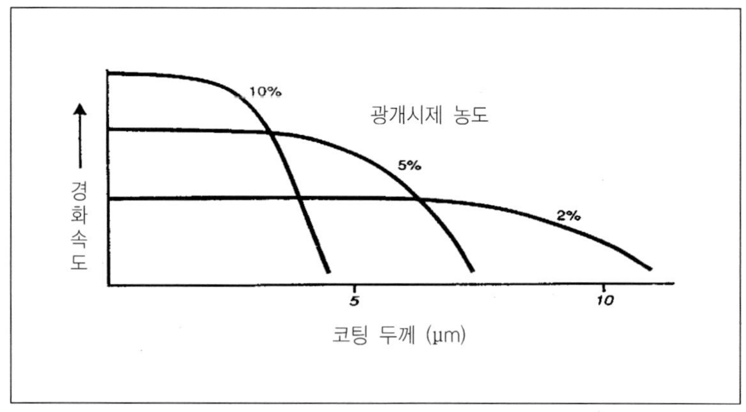

그림 8.24 광개시제 농도 및 두께에 따른 경화속도

필름 두께와 3가지 농도의 광개시제를 비교하여 경화 속도를 보여주고 있다.

램프에서 발하는 스펙트럼과 광개시제의 흡수 스펙트럼의 조화가 필요하다. 일반적으로, 더 긴 파장이 필름을 잘 투과하므로 두꺼운 필름의 경우 흡수파장을 254nm보다는 365nm가 더 효과적이다.

3.2 필름 경도에 대한 광개시제의 영향

벨트 속도나 램프 강도를 변화시켜 빛의 양을 조절하거나 광개시제 농도를 조절하여 경화 프로파일을 만드는 것이 가능하다.

배합에서 일반적으로 사용하는 2가지 광개시제를 사용하여 광개시제 농도와 펜듈럼 경도를 비교한 것이 그림 8.25이다.

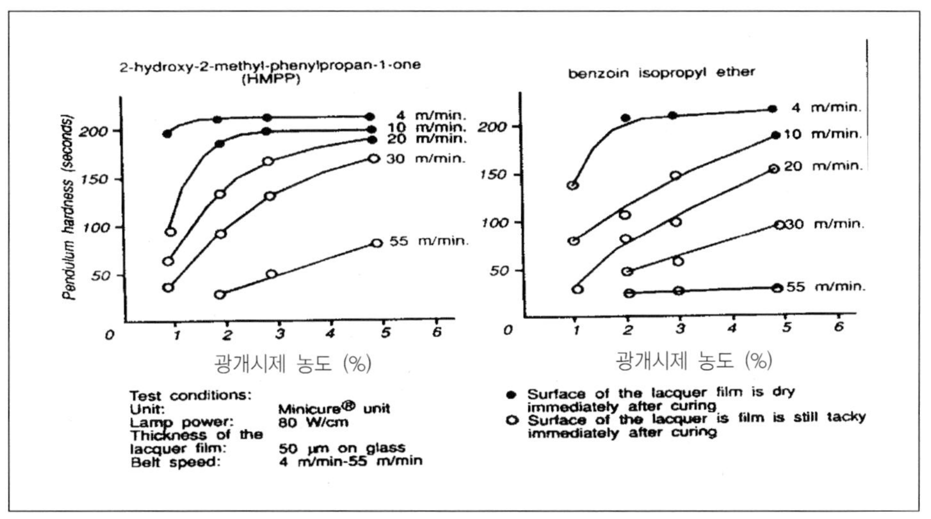

그림 8.25 HMPP와 벤조인 이소프로필 에테르의 경화 거동

이 실험은 비교적 두꺼운(50μm) 필름을 사용했다.

경질 필름은 광개시제의 양을 늘리고 벨트 속도를 느리게 하면 얻어지며 연질 필름은 광개시제를 줄이거나 벨트 속도를 증가시키면 된다.

이런 자료들을 다른 포맷으로도 제시할 수 있다.

한 가지 포맷이 벨트 속도를 미리 정해 놓고 광개시제의 양을 변화시키면서 완전 경화하는 것이다. 또 다른 비교방법은 광개시제의 양을 일정하게 놓고 정해 놓은 경도가 나올 때까지 최대 벨트 속도를 결정하는 것이다.

에폭시 아크릴레이트/HDDA(75/25)에서 이결과 데이터가 그림 8.26에서 보인다.

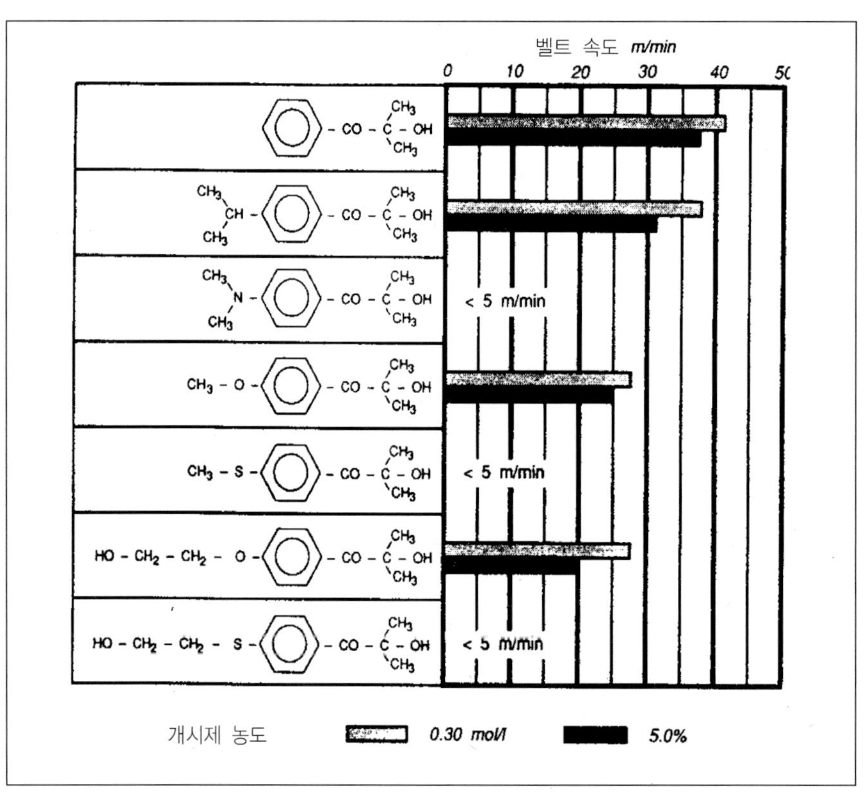

그림 8.26 미리 결정된 펜귤럼 경도(170초)를 얻는데 요구되는 경화속도

개시제의 반응성 순서는 분자량이 단순한 것이 빠르며 그 다음이 알킬기와 알콕시기가 치환된 분자들이 빠르다.

알킬아미노 또는 알킬싸이오 그룹(alkylthio group)이 도입된 것은 광활성을 급격하게 감소시킨다. 이 결과는 실험자가 미리 라인 속도를 결정하고 적당한 개시제 선택을 가능하게 한다.

또 다른 방법이 동량의 광개시제에 대한 벨트 속도와 경도를 비교하면서 여러 가지 광개시제들을 비교하는 것이다. 이것은 벨트 속도가 증가할수록 경도가 감소하게 된다.

한 가지 예로 그림 8.27에서 에폭시 아크릴레이트를 기반으로 한 배합에서 5가지 광개시제들에 대한 것을 보여주고 있다.

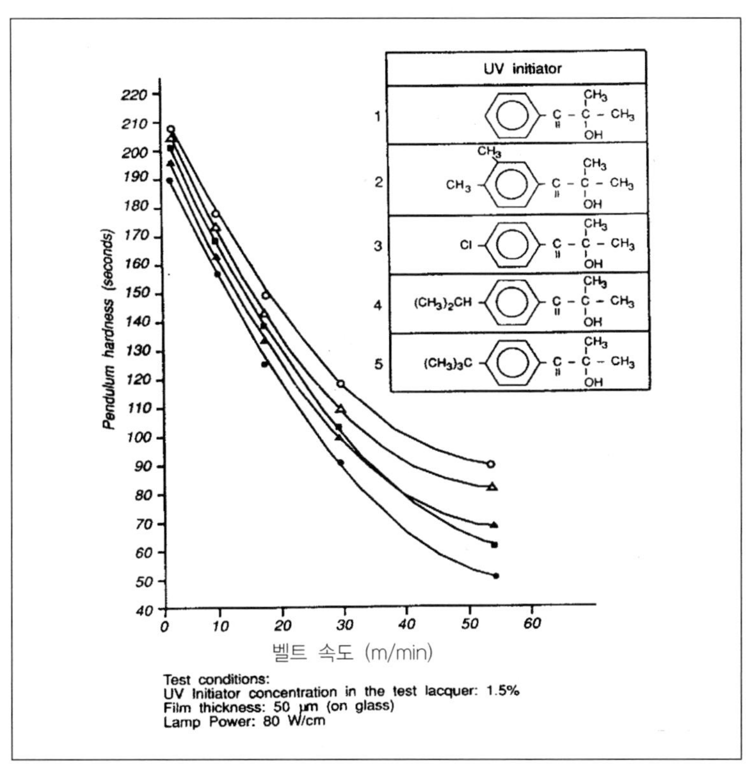

그림 8.27 에폭시 아크릴레이트에서 5가지 광개시제에 따른 펜듈럼 경도

표면의 끈적임이 없는 성질의 결정은 탈크(talc)나 다른 미세한 파우더를 표면에 붙여 결정하게 된다. 끈적임이 남아 있으면 파우더가 필름에 부착하게 된다.

5가지 벨트 속도를 다르게 하여 테스트한 결과가 그림 8.28에 나와 있다. 에폭시 아크릴레이트를 기반으로 한 배합에 2 – hydroxy – 2 – methyl – 1 – phenylpropan – 1 – one(HMPP)의 농도를 변화시키면서 50㎛ 필름 두께로 측정했다.

만약 테스트가 24시간 경과 후 진행된다면 결과가 확연히 다른 것을 그림 8.28에서 볼 수 있다.

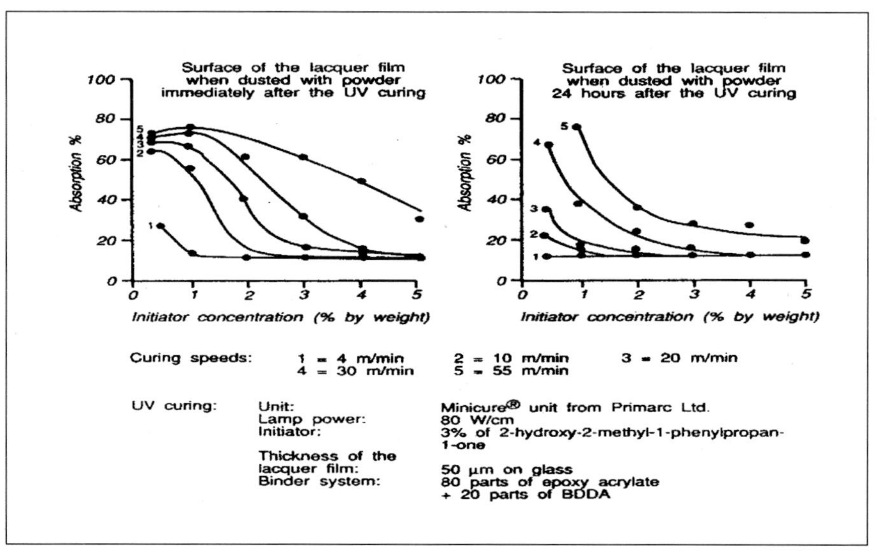

그림 8.28 24시간 경과후 5가지 광개시제에 따른 끈적임 성질

그림 8.28을 보면 모든 경우 24시간 경과 후 측정한 것이 표면이 덜 끈적한 필름(tacky film)으로 보인다. 필름이 시간이 경과하면서 후경화(post curing)가 진행된 것이다.

3.3 경화 속도에 영향을 주는 광개시제의 인자

광개시제의 물리적 상태가 광개시제 효율에 반드시 영향을 준다.

이상적으로는 광개시제가 올리고머나 모노머에 완전히 용해되어야 한다.

용해된 분자들이 분산된 입자들보다 많은 올리고머나 모노머 분자들과 만날 수 있다. 일반적으로 사용되는 몇 가지의 광개시제는 고체인데 이것들은 온도를 상승시켜 배합에 용해시켜야 한다.

고체인 벤조인 이소프로필 에테르(benzoin isopropyl ether)와 액체인 HMPP의 흡수 곡선과 경화된 필름의 펜듈럼 경도 곡선이 그림 8.29에서 보인다.

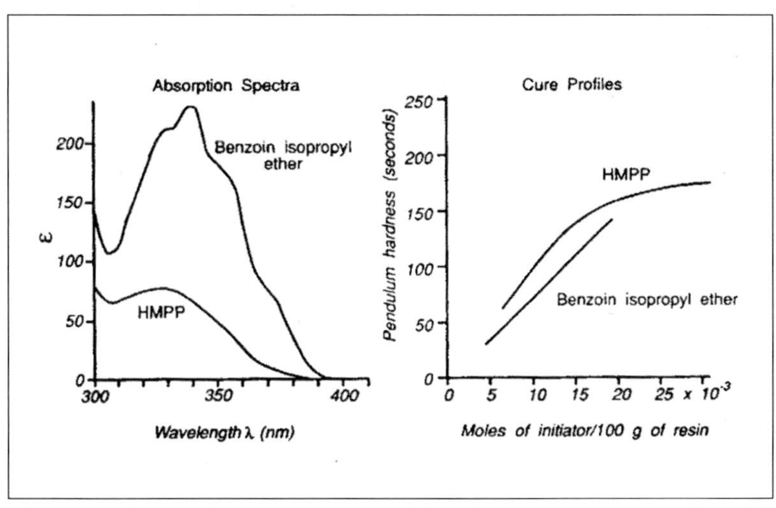

그림 8.29 벤조인 이소프로필 에테르와 HMPP에 대한 흡수 스펙트럼 및 경화거동

흡수 스펙트럼을 보면 벤조인 이소프로필 에테르가 300nm 이상에서 HMPP보다 흡광도가 높은 것을 볼 수 있다. 그러나 펜듈럼 경도로 평가되는 경화속도는 HMMP보다 더 열등한 것을 볼 수 있다.

3.4 추출성(Extractability)

경화 속도와 펜듈럼 경도뿐 아니라 어떤 응용 분야에서는 특히, 포장용에서는 추출성분이 낮은 재료가 요구된다.

3가지 주요한 추출가능한 재료가 있다. 이름하여,

ⅰ) 비활성(비반응성) 첨가제

ⅱ) 미반응 올리고머, 모노머

ⅲ) 광개시 시스템의 미반응 부분과 광개시 시스템을 형성하는 분자의
    분열

반응성 첨가제를 사용하면 (ⅰ)을 최소화할 수 있으며 적당한 개시제 선택과 개시제량을 조절하면, 미반응 올리고머와 모노머를 최소화할 수 있다. (ⅱ) 광개시제분자들이 고분자 네트워크에 참여하면 (ⅲ)을 최소화할 수 있다.

광개시제분자에 아크릴레이트기를 도입하면 가교 네트워크에 참여하므로 광중합성 광개시제가 가능하다. 또 다른 방법이 고분자 광개시제를 사용하는 것이다.

이 결과를 에폭시 아크릴레이트와 모노머(HDDA / EGDA) 혼합물과 HMMP, 올리고머 광개시제를 비교하여 그림 8.30에서 보인다.

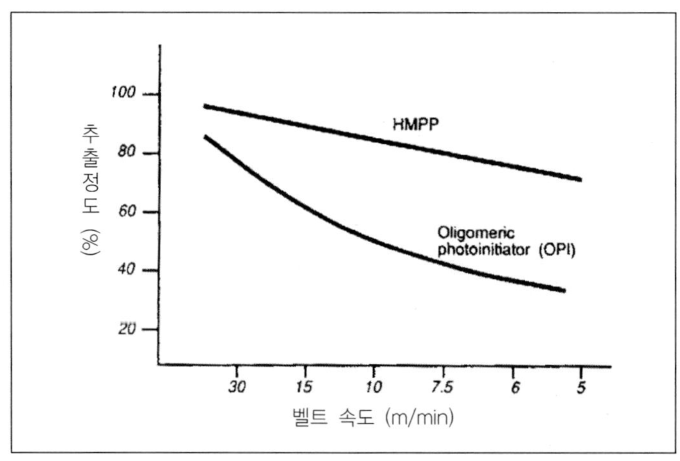

그림 8.30 HMPP와 올리고머 광개시제를 사용한 에폭시 아크릴레이트 경화
필름의 추출성

올리고머의 가교밀도도 경화된 필름의 추출 정도에 영향을 미친다.

우레탄 아크릴레이트, 에폭시 아크릴레이트와 4가지 다른 광개시제를 사용하여 추출 정도를 비교하였다.

개시제 2가지는 C=C를 포함하고 있으며(아크릴레이트(CAPI), 비닐에테르(CVPI))

다른 2가지 광개시제는 HMPP와 올리고머 하이드록시 알킬페논(OPI)이다.

이 결과가 약간 혼동스러운데, 이유가 에폭시 아크릴레이트경우 모노머가 없으나, 우레탄 아크릴레이트는 TPGDA가 희석되어 있기 때문이다.

올리고머들이 가교 농도가 다른데, 이것은 다음과 같이 정의된다.

$$\text{가교농도(concentration)} = \frac{\text{몰 이중결합}}{\text{kg}} = \frac{1000 \times \text{관능기}}{\text{분자량}}$$

에폭시 아크릴레이트는 6의 가교(crosslink) 농도를 갖고, 우레탄 아크릴레이트는 3의 가교 농도를 갖는다.

4개의 광개시제 중 3개는, 광조사가 증가함에 따라 추출이 가능한 광개시제나 광개시제의 잔유물량이 감소된다.

광조사가 길어질수록, 광개시제는 더욱 반응하고 더욱 네트워크를 형성하게 되는 것이다. 이런 현상은 두 가지 올리고머 시스템에 모두 적용된다.

비닐 에테르 관능기를 가진 광중합성 광개시제가 올리고머 광개시제와 HMPP보다 추출 정도가 낮다.

반면, 아크릴레이트 관능기를 가진 광중합성 광개시제는 바로 네트워크를 형성하는 놀라운 결과를 얻었다. 이 개시제는 두 시스템 모두 노출시간에 상관없이 어떤 추출가능성도 감지하는 것이 불가능하다.

또한 올리고머에 따라서도 광개시제의 추출 정도가 영향을 받는다.

우레탄 아크릴레이트가 에폭시 아크릴레이트보다 가교 농도가 낮으므로 4개의 광개시제 중 3개의 광개시제가 우레탄 아크릴레이트에서 높은 추출 정도를 갖는 것을 볼 수 있다. 이 결과가 그림 8.31에서 보인다. 아크릴레이트 관능기를 가진 광중합성 광개시제의 추출 정도는 올리고머 종류와 관세없이 모두 0%이다.

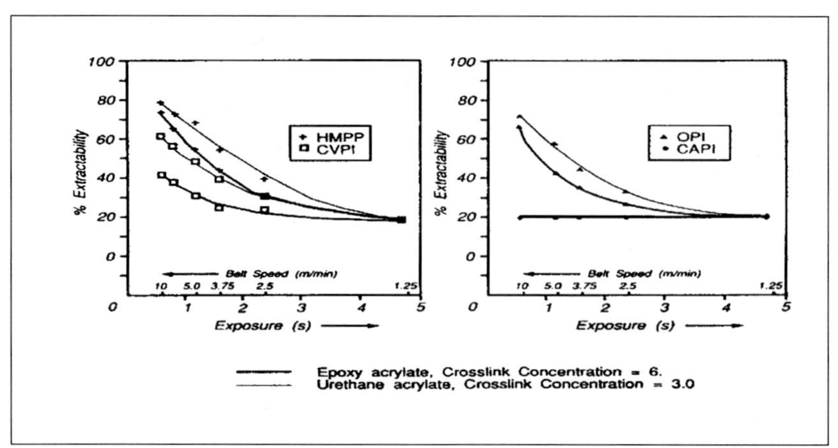

그림 8.31 에폭시 아크릴레이트와 우레탄 아크릴레이트를 기반으로 한 경화 필름의 추출정도

결론적으로 UV 경화 후 광개시제의 추출 정도는 아래에 의존한다.

ⅰ) 빛의 노출 시간

ⅱ) 올리고머의 가교 농도(높은 함량을 가지면 추출을 감소시킨다)

ⅲ) 광개시제의 크기와 관능기(공중합체)

3.5 황변(Yellowing)

광개시제 분열이나 남아 있는 광개시제에 의한 필름의 변색은 최종사용에 따라 중요하다. 어두운 칼라 시스템은 중요하지 않으나 투명 조성물의 경우는 경화된 필름의 무황변(non-yellowing)은 필수이다.

빛에 노출됨에 따라 차이가 발생하는데 이것을 황변 지수[yellowness index(YI) scale] 값(ASTM D1925-70 또는 DIN6167)이라 한다.

에폭시 아크릴레이트를 200㎛ 두께로 7가지 광개시제 시스템을 사용했을 때의 YI 값이 온게마치(Ohngemach) 등에 의해 그림 8.32에서 보인다.

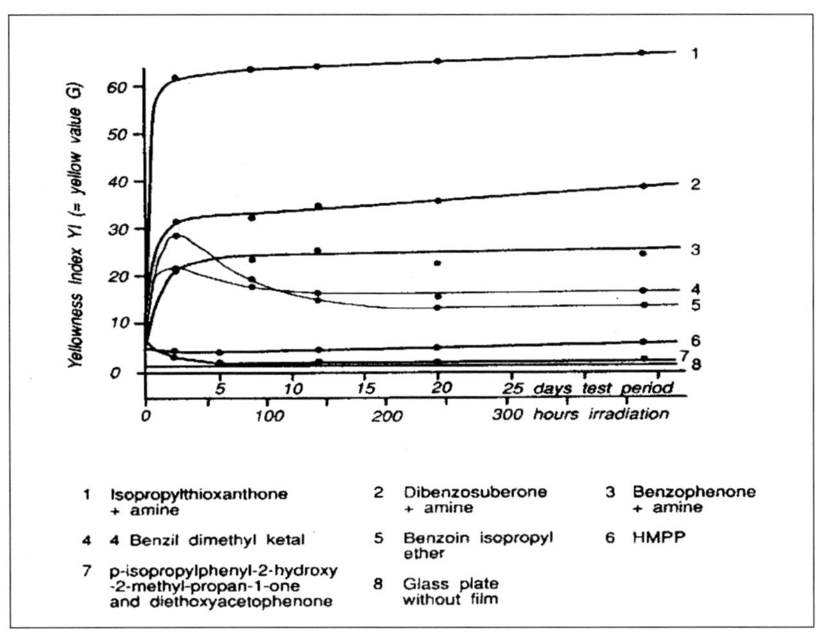

그림 8.32 노출시간에 따른 다양한 광개시제의 황변 지수

YI 값이 다양한 노출시간에 의해 결정되는 것을 볼 수 있으며 어떤 광개시제 시스템은 매우 빠르게 색깔을 띠고, 반면 다른 것들은 더 늦게 색깔을 띤다.

다른 시스템은 YI 곡선이 빛에 노출시킨 후 며칠 안에 최대값을 보이다가 그 이후부터는 감소된다.

3.6 광개시제 선정에 영향을 주는 다른 인자

(ⅰ) 냄새

평가하기 가장 어려운 특성 중 하나이다. 왜냐하면 냄새의 주관성 때문이다.

냄새는 액상의 배합과 경화된 필름에서 모두 문제가 되나 보통 냄새문제를 이야기할 때 경화된 필름에서 논의가 된다. 왜냐하면 소비자들이 포장용으로 사용하는 경우 냄새에 대해 이야기하기 때문이다.

광케이블과 같은 어떤 산업용 응용 분야는 일반적으로 사용되는 포장용 분야보다 냄새가 덜 중요하다. 큰 분자들이 분열에 의해 분자량이 작아져 휘발성이 생기게 되고, 이런 광개시제 잔유물들이 보통 주요한 냄새의 원인으로 여겨진다.

광개시제분자의 분자량을 증가시켜, 광개시제 분열물들의 휘발성을 감소시키고 C=C 도입하여 광중합시켜 가교 네트워크를 형성함으로써 부분적으로 극복할 수 있다.

(ⅱ) 독성(Toxicity)

만약 광개시제가 독성이 있거나 발암성이라면, 분명히 사용은 제한될 것이다.

(ⅲ) 저장 안정성

배합을 이루는 어떤 광개시제들은 저장수명이 안 좋다.

반면 올리고머, 모노머, 광개시제 시스템이 특별하게 조합되는 경우도 있다.

안료의 존재가 저장수명에 커다란 영향을 준다.

저장 안정성은 캔에 밀봉된 배합을 60도 오븐에 넣어 정기적으로 점도를 측정함으로써 평가하게 된다.

어떤 뚜렷한 점도증가가 있다면, 배합이 불안정하다는 것이다.

분명히 시간이 지난 후 이런 문제가 생기고 점도편차가 커진다면 저장수명에 문제가 있는 것이다.

공기의 존재가 저상수녕을 향상시키므로 모든 배합은 드럼의 상층 공간부에 공기가 있어야 한다.

UV 코팅에 특별히 설계된 안정제는 상용화되어 판매하고 있다.

(ⅳ) 경쟁적 흡수

상당한 양의 안료가 존재하여 색상을 띠고 두꺼운 필름이 될 경우 경쟁적 흡수의 영향은 매우 중요하다.

5~15% 안료와 10~30 μm 필름 두께의 UV 경화 스크린 잉크는 전형적

으로 어려운 경화 배합이다. 완전 경화를 위해 긴 파장을 발하는 UV 램프
와 광개시제들이 이 영역에서 활성화할 수 있도록 광개시제의 흡수 영역을
맞추는 것이 필요하다.

7% 안료가 있는 세 가지 잉크의 흡수 곡선을 그림 8.33에서 나타내었다.
여러 가지 다른 색깔의 안료가 흡수 영역에 미치는 영향과 안료 색깔에 따
라 어떻게 변하는가가 보인다.

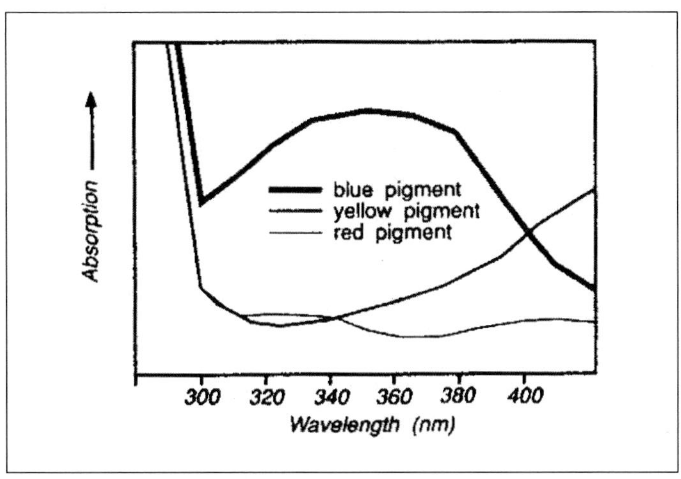

그림 8.33 3가지 안료를 포함하는 10㎛ 필름의 흡수 스펙트럼

스크린 잉크의 효과적인 경화를 위해서 대부분의 안료(300~400㎚)를 투
과할 수 있는 높은 감도의 개시제가 중요한 전제가 된다.

UV와 EB 경화 제품에 대한 응용은 계속 증가하고 다양해지며 현재 응용
분야에서 좀 더 낮은 독성과 빠른 경화조건 등의 보다 엄격한 조건이 요구
되고 있다. 배합의 과학적 원리이해와 경험의 조합으로 광경화 산업이 발전
될 수 있다.

부 록

TABLE I : Monomers

Manufacturer	Tradename	Description	Properties	Application
KELLON	LM–1000	Methacrylol phosphate adhesion promoter	Low viscosity Acid functionality Viscosity 1,000 at 25℃ Refractive index 1.467	Solder resist formulations Metal coating Adhesives In general, usage is between 1% and 5% of total formulation.
	LM–1002	Dodecyl ether acrylate monomer	Low shrinkage Viscosity 50 at 25℃	UV adhesives Flexible coatings
	LM–1003	Hydroxy phenoxy propyl acrylate monomer	High refractive index Viscosity 160 at 25℃ Refractive index 1.525	UV adhesives Coatings Improved adhesion to plastic, paper and metal
	LM–1004	Aromatic biphenyl mod–ified acrylate	High refractive index, Low viscosity Viscosity 5,000 at 25℃ Refractive index 1.581	Display Optical lenses High refractive index coating
	LM–1005	Aromatic ethoxylated biphenyl modified acrylate	High refractive index Low viscosity Viscosity 110 at 25℃ Refractive index 1.575	Display Optical lenses High refractive index coating
	LM–2001	Diacrylate monomer wi–th one hydroxyl group	Fast cure Good adhesion Viscosity 50 at 25℃	Coatings for plastic ,paper and matal Reactive monomer wi–th OH functionality
	LM–6002	Modified dipentaeryth–ritol hexaacrylate	Low odor Low skin irritation Low viscosity Viscosity 1,260 at 25℃ Refractive index 1.483	Plastics and metal coatings Inks

TABLE II : Epoxy acrylates

Manufacturer	Tradename	Description	Properties	Application
KELLON	LK-1001	Bisphenol A epoxy diacrylate	Fast cure response Light color Viscosity 4,000 at 60℃ Refractive index 1.556	Lithographic and screen inks Coatings for paper, plastic and wood Overprint varnish
	LK-1002	Bisphenol A epoxy dia-crylate diluted with 20% of HDDA	Fast cure response Light color Viscosity 1,100 at 60℃ Refractive index 1.533	Lithographic and se-reen inks Coatings for paper, plastic and wood Overprint varnish
	LK-1015	Bisphenol A epoxy dia-crylate diluted with 20% of TPGDA	Fast cure response Light color Viscosity 1,200 at 60℃ Refractive index 1.534	Lithographic and se-reen inks Coatings for paper, plastic and wood Overprint varnish
	LK-1004	Bisphenol A epoxy dia-crylate diluted with 20% of TMPTA	Fast cure response Light color Viscosity 1,200 at 60℃ Refractive index 1.539	Lithographic and se-reen inks Coatings for paper, plastic and wood Overprint varnish
	LK-1007	Difunctional modified epoxy acrylate	Fast cure response Good pigment wetting properties Viscosity 40,000 at25℃ Refractive index 1.539	Coatings for plastic and wood, Lithogra-phic and screen inks Overprint varnishes, Improved adhesion to plastic

Manufacturer	Tradename	Description	Properties	Application
KELLON	LK-1009	Aliphatic alkyl epoxy diacrylate	Low viscosity Viscosity 500 at 25℃ Refractive index 1.48	Coatings for paper, plastic and wood Water soluble coatings Inks
	LK-1016	Epoxy diacrylate oligomer diluted with 15% of IBOMA	Fast cure response Light color Viscosity 300,000 at 25℃ Refractive index 1.538	Coatings for glass and plastic UV curable adhesive Fast cure response Inks
	LK-1011	Aliphatic epoxy tri-arylate	Fast cure response Low viscosity Viscosity 12,000 at 25℃ Refractive index 1.488	Coatings for paper and wood Coatings for rigid plastics Overprint varnishes Inks
	LK-1012	Phenol novolac epoxy acrylate resin diluted with 50% of TMPTA	Fast cure response Light color Viscosity 20,000 at 25℃ Refractive index 1.524	Solder resists for PCB Adhesion to metallized substrates Heat resistance applications
	LK-1014	Cresol novolac epoxy acrylate resin diluted with 50% of TMPTA	Fast cure response Light color Viscosity 50,000 at 25℃ Refractive index 1.521	Solder resists for PCB Adhesion to metallized substrates Heat resistance applications

TABLE III : Aliphatic Urethane acrylates

Manufacturer	Tradename	Description	Properties	Application
KELLON	LK−2003	Aliphatic urethane diacrylate oilgomer diluted with 5% of HDDA	Light color Low odor Viscosity 60,000 at 25℃ Refractive index 1.477	Coatings for paper and plastic Coatings for leather and PVC floor Flexographic inks and varnish Coatings requiring high elongation and good flexibility Low gloss
	LK−2004	Aliphatic urethane diacrylate oilgomer diluted with 12% of HDDA	Light color Low odor Viscosity 54,000 at 25℃ Refractive index 1.487	Lithographic and screen inks Coatings requiring exterior durability Coatings for wood, paper and plastic Coatings for metal, Coatings for PVC flooring Overprint varnish, Laminating adhesives
	LK−2005	Aliphatic urethane diacrylate oilgomer diluted with 20% of TPGDA	Light color Low odor Viscosity 75,000 at 25℃	Lithographic and screen inks Coatings requiring exterior durability Coatings for wood, paper and plastic Coatings for metal Coatings for PVC flooring Overprint varnish Laminating adhesives

TABLE III : (contiuned) Aliphatic Urethane acrylates

Manufacturer	Tradename	Description	Properties	Application
KELLON	LK–2006	Aliphatic urethane diacrylate oligomer diluted with 15% of IBOA	Light color Low odor Viscosity 2,500 at 60℃	Coatings for woods, papers, and plastics Coatings for flexible substrates Coatings requiring good adhesion
	LK–2043	Aliphatic urethane diacrylate oligomer diluted with 25% of TPGDA	Light color Low odor Viscosity 23,000 at 25℃	Coatings for woods, papers, and plastics Coatings for flexible substrates Coatings requiring good adhesion
	LK–2044	Aliphatic urethane diacrylate oligomer diluted with 10% of TTEGDA	Light color Low odor Viscosity 3,500 at 60℃	Coatings for woods, papers, and plastics Coatings for flexible substrates Coatings requiring good adhesion
	LK–2009	100% solids aliph–tic urethane dia–crylate	Light color Low odor High molecular weight Viscosity 6,200 at 60℃ Refractive index 1.483	Coatings for woods, papers, and plastics Coatings for flexible substrates Coatings requiring good adhesion
	LK–2012	Aliphatic urethane diacrylate oligomer diluted with 20% of IBOA	Low odor High molecular weight Viscosity 35,000 at 60℃ Refractive index 1.477	Adhesives for film, plastics, and paper etc. Coatings for woods, papers, and plastics Coatings for flexible ible substrates

TABLE III : (contiuned) Aliphatic Urethane acrylates

Manufacturer	Tradename	Description	Properties	Application
KELLON	LK–2014	Very low viscosity aliphatic urethane diacrylate	Light color Low viscosity for han–ding ease Viscosity 13,000 at 25℃ Refractive index 1.488	Lithographic, screen gravure, direct or reverse roll, and curtain coatings Wood coating Plastic coatings Ink
	LK–2015	Aliphatic urethane diacrylate oligomer diluted with 10% HDDA	Light color Viscosity 9,600 at 60℃ Refractive index 1.486	Flexible screen inks and coatings Light stable coatings Electrical insulation coatings Coatings where a min–imum of water absorp–tion is desired
	LK–2018	Aliphatic urethane triacrylate oligo–mer diluted with 15% of TPGDA	Excellent cure response Low odor Viscosity 40,000 at 25℃ Refractive index 1.492	Coatings for wood and plastic Overprint varnishes Printing inks Fast cure response Coatings with good heat and scratch resistance
	LK–2022	100% solids aliph–atic urethane tri–acrylate	Excellent cure response Low odor Viscosity 71,000 at 25℃ Refractive index 1.494	Coatings for wood and plastic Coatings for PVC flooring Overprint varnishes Screen inks

TABLE III : (contiued) Aliphatic Urethane acrylates

Manufacturer	Tradename	Description	Properties	Application
KELLON	LK–2024	Aliphatic urethane triacrylate oligo–mer diluted with 15% of HDDA	Excellent cure response Low odor Viscosity 18,000 at 25℃ Refractive index 1.487	Coatings for wood and plastic Overprint varnishes Printing inks Fast cure response Coatings with good heat and scratch resistance
	LK–2025	Aliphatic urethane triacrylate oligo–mer diluted with 15% of HDDA	Fast cure response Light color Low odor Viscosity 60,000 at 25℃ Refractive index 1.486	Coatings for wood, plastic Overprint varnishes Screen inks
	LK–2026	Aliphatic urethane triacrylate oligo–mer diluted with 25% of TPGDA	Fast cure response Light color Low odor Viscosity 60,000 at 25℃ Refractive index 1.474	Coatings for wood, plastic Overprint varnishes Screen inks
	LK–2031	100% solids alip–hatic urethane hexaacrylate	Excellent cure response Viscosity 100,000 at 25℃ Refractive index 1.496	Coatings for wood and plastic Wood coatings and fillers Coatings requiring scratch and chemical resistance

TABLE III : (contiuned) Aliphatic Urethane acrylates

Manufacturer	Tradename	Description	Properties	Application
KELLON	LK–2033	100% solids aliphatic urethane hexaacrylate	Excellent cure response Viscosity 67,000 at 25℃ Refractive index 1.493	Coatings for wood and plastic Wood coatings and fillers Coatings requiring scratch and chemical resistance
	LK–2038	Multifunctional aliphatic urethane acrylate	Excellent cure response Viscosity 53,000 at 25℃	Special coatings Coatings requiring scratch and chemical resistance Fast cure response
	LK–2039	Aliphatic urethane acrylate	Viscosity 55,000 at 25℃	Special coatings Coatings requiring scratch and chemical resistance
	LK–2042	Aliphatic urethane acrylate	Viscosity 400,000 at 25℃	Special coatings Coatings requiring scratch and chemical resistance

TABLE IV : Aromatic Urethane acrylates

Manufacturer	Tradename	Description	Properties	Application
KELLON	LK−3001	Aromatic urethane diacrylate oligomer diluted with 15% of IBOA	Fast cure response Good hydrolytic stability Good adhesion Viscosity 35,000 at 25℃ Refractive index 1.4948	Coatings for wood and plastic UV curable adhesive
	LK−3002	Aromatic urethane diacrylate	Fast cure response Good hydrolytic stability Good adhesion Viscosity 14,000 at 60℃ Refractive index 1.5158	Coatings for wood and plastic UV curable adhesive
	LK−3005	Aromatic urethane triacrylate oligo−mer diluted with 30% TMPTA	Excellent cure response Low odor Viscosity 70,000 at 25℃ Refractive index 1.499	Coatings for wood, plastic and metal Coatings for PVC flooring Screen inks Fast cure response
	LK−3006	Aromatic urethane triacrylate oligo−mer diluted with 23% TPGDA and 10% of HDDA	Low viscosity Low odor Viscosity 10,000 at 25℃ Refractive index 1.490	Coatings for wood, plastic Screen inks Coatings requiring good flexibility
	LK−3007	100% solids aroma−tic urethane hex−aacrylate	Excellent cure response Viscosity 30,000 at 25℃ Refractive index 1.503	Coatings for plastic Wood coatings and fillers Coatings requiring excellent scratch and chemical resis−tance Excellent cure res−ponse Lithographic inks

TABLE V : Polyester acrylates

Manufacturer	Tradename	Description	Properties	Application
KELLON	LK–4005	Carboxylated poly-ster acrylate	Low viscosity Acid functionality Viscosity 7,000 at 25℃ Refractive index 1.477	Alkali–strippable etch resist for PCB Promote adhesion pr-operty for variety substrates
	LK–4001	Carboxylated poly-ster acrylate	Low viscosity Acid functionality Viscosity 200 at 25℃ Refractive index 1.477	Alkali–strippable etch resist for PCB Promote adhesion pr-operty for variety substrates
	LK–4004	Polyester hexaacry-late	Excellent cure response Viscosity 40,000 at 25℃ Refractive index 1.18	Coatings for paper, wood and plastic Paper upgrading Excellent cure res-ponse Lithographic inks Coatings with good scratch and solvent resistance

Manufacturer	Tradename	Description	Properties	Application
KELLON	LK–5002	Brominated aromatic acrylate oligomer diluted with 20% of PEA	High refractive index Good hardness Viscosity 13,000–18,000 at 40℃ Refractive index 1.582	Display, Optical lenses High refractive index coating Flame retardant Coating
	LK–5053	Aromatic diacrylate	High refractive index Viscosity 50,000 at 60℃ Refractive index 1.601	Display, Optical lenses High refractive index coating
	LK–5003	Aromatic diacrylate oligomer diluted with 20% PEA	High refractive index Viscosity 40,000 at 25℃ Refractive index 1.580	Display, Optical lenses High refractive index coating
	LK–5004	Aromatic diacrylate oligomer diluted with 20% BZA	High refractive index Low viscosity Viscosity 16,000 at 25℃ Refractive index 1.578	Display, Optical lenses High refractive index coating
	LK–5007	Aromatic diacrylate oligomer diluted with 20% PEA	High refractive index Good adhesion Viscosity 5,500 at 60℃ Refractive index 1.578	Display, Optical lenses High refractive index coating
	LK–5008	Aromatic diacrylate	High refractive index Low viscosity Viscosity 1,500 at 25℃ Refractive index 1.572	Display, Optical lenses High refractive index coating

TABLE VI : (contiuned) High Refractive Index acrylates

Manufacturer	Tradename	Description	Properties	Application
KELLON	LK−5010	Aromatic diacrylate	High refractive index Low viscosity Good adhesion Good hardness Viscosity 6,500 at 25℃ Refractive index 1.573	Display, Optical lenses High refractive index coating
	LK−5011	Aromatic diacrylate	High refractive index Low viscosity Good adhesion Viscosity 1,500 at 25℃ Refractive index 1.580	Display, Optical lenses High refractive index coating
	LK−5013	Aromatic diacrylat	High refractive index Low viscosity Good adhesion Viscosity 1,200 at 25℃ Refractive index 1.582	Display, Optical lenses High refractive index coating
	LK−5016	Aromatic diacrylate	High refractive index Low viscosity Good adhesion Viscosity 540 at 25℃ Refractive index 1.576	Display, Optical lenses High refractive index coating
	LK−5017	Aromatic diacrylate oligomer diluted with 20% PEA	High refractive index High hardness Viscosity 155,000 at 25℃ Refractive index 1.562	Display, Optical lenses High refractive index coating
	LK−5054	Aromatic diacrylate	High refractive index Fast cure response Viscosity 110,000 at 25℃ Refractive index 1.553	Display, Optical lenses High refractive index coating

TABLE VII : Low Refractive Index acrylates

Manufacturer	Tradename	Description	Properties	Application
KELLON	LK-5701	Aliphatic flyorine modified diacrylate	Low refractive index Low viscosity Viscosity 5,400 at 25℃ Refractive index 1.441	Anti-reflective coating Water and oil repellent coating Low refractive index coating

TABLE VIII : Silicone & Silane Modified acrylates

Manufacturer	Tradename	Description	Properties	Application
KELLON	LK-6001	Silane modified multifunctional acrylate	Good scratch resistance Viscosity 7,000 at 25℃	Coatings for plastic, plate, and film Coatings required good scratch resistance and hardness Dual cure (heat, UV)
	LK-6002	Aliphatic silicone modified dimethacrylate oligomer diluted with 20% of EOEOEA	Low viscosity Low shrinkage Viscosity 1,400 at 25℃	Adhesives for glass, film, and plastics etc. Coatings for flexible substrates Coatings requiring good adhesion

TABLE IX : Acrylic acrylates & Special acrylates

Manufacturer	Tradename	Description	Properties	Application
KELLON	LK-6301	Acrylic acrylate diluted with 50% of HDDA	High molecular weight Low shrinkage Viscosity 27,000 at 25℃	Coatings for PMMA and plastics Coatings requiring good adhesion

임진규 ─────────────────────────────────

▌약 력

이학박사
켈론주식회사(Kellon Science Company) 대표이사
한양대학교 연구 교수
충북대학교 공업화학과 겸임교수

UV/EB 경화형 고분자 재료 ─────────────
(UV/EB Curable Polymeric Materials)

초판인쇄 | 2009년 3월 16일
초판발행 | 2009년 3월 16일

지은이 | 임진규
펴낸이 | 채종준
펴낸곳 | 한국학술정보㈜
주 소 | 경기도 파주시 교하읍 문발리 513-5 파주출판문화정보산업단지
전 화 | 031) 908-3181(대표)
팩 스 | 031) 908-3189
홈페이지 | http://www.kstudy.com
E-mail | 출판사업부 publish@kstudy.com

등 록 |
가 격 | 29,000원

ISBN 978-89-534-1380-1 93430 (Paper Book)
      978-89-534-1381-8 98430 (e-Book)